KB074135

.

기계의 재발견

볼펜에서부터 영구기관까지

나카야마 히데타로 지음
김영동 옮김

전파과학사

머리말

우리가 늘 익숙히 쓰고 있는 기계나 연장들을 대하면서, 그 구조가 어떻게 되어 있는가를 생각해 보는 것도 매우 흥미로운 일이다. 실제로 살펴보면 지극히 간단한 구조로 되어 있는 것도 있고 또 그럴듯한 착안에서 교묘하게 연구된 것도 있다. 얼핏 보기에는 아무것도 아닌 것같이 보이나 내부가 매우 복잡하거나 혹은 복잡하게 보이지만 지극히 간단한 장치도 있다.

예로부터 기계의 종류는 무척 많으나, 기본이 되는 것은 지렛대, 활차(도르래), 나사, 치차(톱니바퀴), 캠 등의 기원전에 고안되어 쓰여 온 것들이다.

지렛대는 하나의 막대기에 지나지 않지만, 사용하는 방법에 따라서는 힘을 확대하고, 또 힘의 방향을 바꾸어 운동의 전달에도 쓰이는 매우 편리한 것이며, 그 때문에 모든 기계의 어느 한 부분에는 꼭 쓰이고 있는 중요한 것이다. 캠이나 치차에 대해서도 같은 말을 할 수 있다.

그러므로 이 같은 기본적인 '기계의 요소'가 어떻게 쓰이고 있는가를 이해하고, 지식으로서 몸에 스며들게 하면 새 기계를 다룰 때, 그 구조와 작용을 잘 알게 되어 취급에 적절한 도움이 된다.

또 새로운 기계를 연구하려 할 때도, 현재 사용하고 있는 기계의 구조나 요소의 사용 방법을 알고 있으면, 그것을 바탕으로 다른 더 편리하고 쓰기 쉬운 기계나, 재미있는 동작을 하는 기계를 만들 수도 있다.

4

탁상 전자계산기나 쿼터(Quater)의 디지털시계처럼 일렉트로닉스(Electronics)를 응용한 기계가 우리 주변에 늘어나고 있다. 이전의 기계 분야에 일렉트로닉스가 진출해서 기계의 성능이 한층 더 향상되었다고 말할 수 있다.

성능이 좋은 기계를 만들어 우리 생활을 편리하게 하고 풍요롭게 하려고 생각하는 것은, 모든 사람의 공통된 소망이다. 과거 수천 년에 걸쳐 우리 선배들은 간단한 연장을 거듭 개량해 왔으며, 새로운 기계를 발명하게 된 것도 그 때문일 것이다.

특히 20세기에 들어와서 기계의 발달로 달나라에까지 갈 수 있게 되었다. 이전의 기계에 일렉트로닉스가 더해져서 가능해졌다고 말할 수 있다. 기계와 일렉트로닉스는 서로 협력해서 고도로 발달한 기계를 만들어 냈고, 앞으로도 이 관계는 더욱 긴밀해질 것이 틀림없다.

그러나 아무리 일렉트로닉스가 발달해도, 기계의 기본적인 요소로서는 지렛대나 활차, 나사, 치차, 캠 등이 여전히 중요한 역할을 한다.

기계는 동력에 의해서 움직인다. 그 동력은 사람의 힘일 경우도 있고, 엔진이나 모터일 경우도 있다. 이 동력을 바탕으로 어떤 일정한 운동을 하는 것이 기계이다. 운동을 하기 위해서는 동력을 전달하는 장치 및 운동을 전달하는 장치가 없어서는 안 된다.

이들 장치를 구성하는 기본으로서 2000년 이상이나 전부터 쓰여온 것이 위에서 말한 요소이며, 오늘날에도 아직 기계의 각 부분에 쓰이고 있다. 이 요소를 사용하지 않고 기계를 만든다는 것은 불가능에 가깝다. 이러한 기계의 요소를 어떻게 잘 꾸며 맞추느냐, 어떻게 요소의 사용 방법을 연구하느냐에 따라서, 이전에 없던 새롭고 편리한 기계를 만들 수가 있다.

『기계의 재발견』이라는 테마를 고단샤(講談社)로부터 받은 것은 1977년 6월이었다. 처음에는 오늘날의 기계들은 발달의 절정에 이른 것들이 많아, 새삼스럽게 기계 해설을 하지 않아도 널리 알려진 것들이 많으므로, 무엇을 어떻게 쓰면 좋을지 막막했다.

그 후 고단샤 편집부의 다카하시 씨와 몇 차례 만나서 얘기를 나누는 동안, 볼베어링과 같은 아주 정밀하게 만들어진 구형(球形)은 어떻게 만들며, 손목시계에 쓰이고 있는 아주 작은 치차(齒車)는 또 어떻게 만들어지느냐는, 평소 눈에 익은 것이라도 그것을 만드는 방법에 대해서 질문을 받게 되면, 쉽게 대답할 수 없는 것들이 많다는 얘기부터 시작해서, 볼펜의 촉이 나왔다 들어갔다 하는 메커니즘, 혹은 샤프펜슬의 심이 차츰차츰 나오게 되는 메커니즘은 어떤 것이냐는 얘기로 확대되어 갔다.

평소 익숙하게 쓰고 있는 간단한 기계라도 그것의 메커니즘이 어떠한 것이냐를 뚜렷이 알지 못하는 것이 의외로 많다는 사실을 알아채게 되어, 몇 가지 그러한 것들을 살펴가는 동안에 기본적으로는 예부터 많이 쓰이고 있는 아주 간단한 메커니즘이 교묘하게 이용되고 있다는 것을 알았다. 이것은 나에게도 기계의 재발견이 되었다.

그래서 지렛대나 치차와 같은 기계의 기본이라고 할 수 있는 요소가 어떻게 꾸며 맞춰져서, 어떤 작용을 하고 있는가를 앎으로써, 이 기본적 기계요소의 중요성을 재인식하고, 기계의 메커니즘에 대해서 써보기로 마음을 다잡은 것은 1년 전쯤의 일이었다. 이 책을 쓰기 시작하고 나서 유럽과 미국에 나들이를 갔었고, 통풍(痛風)이라는 병에 걸려 고생하다가 이제야 겨우 출판에 들어가게 되었다.

이 책은 우리가 평소에 접하고 있는 주변의 기계를 예로 들어, 그것의 메커니즘을 밝히고 이들의 기계요소가 얼마나 교묘하게 이용되고 있는가를 설명한 것으로서, 특히 기계에 관한 전문 지식이 없더라도 이해할 수 있게 마음을 썼다.

기계에 흥미를 갖는 많은 분을 비롯해서, 많은 독자에게 기계요소의 중요성을 재발견하는 데 도움이 된다면 다행으로 생각한다.

필자의 사정으로 원고의 완성에 상당한 세월을 요했는데, 그것을 끈기 있게 기다려 준 고단샤와 끊임없이 적절한 조언과 격려를 주신 다카하시 씨에게 충심으로 감사를 드린다.

나카야마 히데타로

차례

10

1. 기계의 재발견

커피포트, 시계, 토스터……

우리가 평소 무심히 쓰고 있는 것이나, 혹은 늘 보고 있으면서도 어째서 그렇게 움직이는지는 조금도 생각하지 않고 있었던 것이라도, 새삼스럽게 그 기구가 어떻게 되어 있느냐, 어떤 모양으로 만들어졌느냐, 어떻게 만드느냐, 왜 그렇게 되느냐 하고 질문을 받게 되면 분명하게 대답을 못하는 일이 많다.

최근에 우리는 커피를 마시는 일이 많아졌다. 더구나 인스턴트커피로는 성에 차지 않아 원두를 손수 갈아서 마시는 사람도 늘어났다. 그런 사람들을 위해서 커피메이커라는 아주 편리한 커피포트가 판매되고 있다. 이 장치에 물을 붓고 전원 스위치를 ON으로 하면, 1~2분이면 윗부분의 가느다란 관에서 더운물이 보글보글 흘러나와 커피 위에 떨어져, 그 밑에 있는 그릇에 커피가 담기게 되어 있다.

물을 붓고 나서 1~2분이 지나면 더운물이 되는데, 그것은 이윽고 가느다란 관을 타고 올라가, 위에서 흘러나온다. 이 장치가 과연 어떻게 되어 있는가를 생각해 본 적이 있을까? 겉으로만 보고 어떻게 되어 있을까 하고 생각해서는 좀처럼 그 구조를 알 수가 없다.

토스터는 빵이 구워지면 자동으로 스위치가 끊어지고, 전기솥도 밥이 다 되면 자동으로 스위치가 끊어진다. 이것들도 겉으로 보아서는 어째서 스위치가 끊어지는지 알 수가 없다.

시계는 태엽을 한 번 감아두면 며칠 동안이고 움직인다. 분침은 1시간에 1회전, 시침은 12시간에 1회전을 한다. 이것은 정교한 치차의 조합으로 된 것이겠지만, 실제는 어떻게 되어 있을까? 또 요즘의 시계는 태엽을 감지 않아도 전지를 넣어주면 움직이며, 수정 발진기도 쓰이고 있다. 수정은 왜 시계에 쓰일까? 어떻게 수정에 의해서 시계가 움직일까 하는 것도 시계를 그저 겉으로만 봐서는 알지 못한다.

전동차나 자동차가 달려가다가 정거장에서 정거하려 할 때, 브레이크를 걸면 차츰차츰 속도가 느려져서 마지막에는 딱 멈춘다. 겉으로만 보아서는 알 수가 없다.

이와 같이 평소 우리가 보고 있는 기계나 장치가 어떤 구조에 의해서 동작하고 있는가는 자세히 조사해 보지 않으면 모르지만, 거기에 쓰이는 장치는 생각보다는 간단한 것이 많다. 오래전부터 쓰여온 **지렛대나 용수철, 황차**(滑車)를 조합해서 의외의 동작을 하게 하는 것이 많다.

기계라는 것은 생각보다 간단한 장치들을 조합한 것이라고 하겠다. 그러나 그 원리와 장치가 비록 간단하다 하더라도, 그것들을 어떻게 잘 조합하느냐에 따라 편리하고 능률적인 기계를 만드는 기본이 된다.

지렛대 하나를 예로 들어봐도 그 이용법이 매우 다종다양하다.

기계의 최소 단위

우리의 일상생활에서는 수도꼭지를 틀면 물이 콸콸 나오고, 스위치를 누르면 토스터가 뜨거워져서 빵을 구워 낸다. 세탁기도 돌아가고, 냉장고 속은 늘 싸늘하다.

취사용으로 나무나 숯을 쓰던 시대는 벌써 오래전 일이다. 지금은 도시가스나 프로판가스가 쓰이며, 가스레인지의 손잡이만 돌리면 압전기(壓電氣)의 점화 장치에 의해 불이 켜져 성냥을 쓰는 일도 없다.

추운 겨울에는 가스나 석유를 사용하는 난방용 장치가 보급되어 숯불에 의한 화로 같은 것은 자취를 감춰버렸고, 숯불을 피우는 번거로운 일은 하지 않아도 되게 되었다. 또 여름의 더운 날에는 쿨러의 스위치만 넣으면, 금방 방 안의 온도가 내려가서 쾌적하게 지낼 수 있다. 바깥에 나가면 버스나 자동차가 달리고 있어, 옛날과는 달리 그다지 먼 거리를 걷지 않아도 어디로든 쉽게 갈 수 있다. 자동차도 보급되어 자기가 운전해서 통근도 하고 여행을 즐기는 사람이 늘어났다.

기계는 우리 생활을 풍요롭게 만드는 것으로서 발달했다. 처음에는 지극히 간단한 연장을 사용하고 있었으나, 이것을 보다 편리한 것으로 만들려고 연구를 거듭하며 개량해 왔다. 그 때문에 간단하던 기계가 차츰 복잡해졌다. 보다 편리한 것으로 하려고 생각하면, 간단한 기구를 여러 가지로 조합해서 복잡해지는 것은 당연한 일일 것이다.

현재, 우리가 무심히 쓰고 있는 기계류에서 얼핏 보기에 복잡하게 보이는 것도 사실은 아주 간단한 기구의 조합인 것이 많다. 지렛대나 치차, 링크장치의 간단한 '기계요소'를 여러 가지로 조합함으로써 복잡하면서도 편리하게 쓸 수 있는 기계가 만들어지고 있다.

가령, 원통 아래쪽에 있는 핸들을 뱅글뱅글 돌리면 원통 속에 들어 있는 인형의 얼굴이 나왔다 들어갔다 하는 장난감이 있다고 하자(그림 1-1). 손으로 뱅글뱅글 돌리는 원운동(圓運動)이 어떻게 해서 인형의 상하(上下)운동으로 바뀌는지, 즉 원통 속은 어떤 장치로 되어 있는가를 생각해 보자.

회전운동을 왕복운동으로 바꾸는 장치는 생활을 돕기 위해

〈그림 1-1〉 핸들을 돌리면 원통 속
　　　　 의 인형이 나왔다 들어갔다
　　　　 한다

〈그림 1-2〉 원판의 중심을 벗어난
　　　　 곳에 회전축을 걸면 인형
　　　　 은 상하로 움직인다

예로부터 여러 가지로 생각해 왔다. 회전운동을 하는 축(軸)의
중심에서 조금 벗어나서 원판(圓板)을 붙여두면 이것만으로도
인형이 상하로 움직일 수 있다(그림 1-2). 이와 같이 회전운동
을 왕복운동으로 바꾸거나 왕복운동을 회전운동으로 바꾸는 장
치는 이 밖에도 많이 있으며, 기계를 작동하기 위한 기구의 중
요한 것 중 하나이다.

기계의 원점

　그러면 기계라고 불리는 것은 무엇에서 시작되었을까? 기원
전으로 거슬러 올라가서 생각해 보기로 하자.
　예나 지금이나 물건을 '운반한다'라는 중요한 작업이 있다.

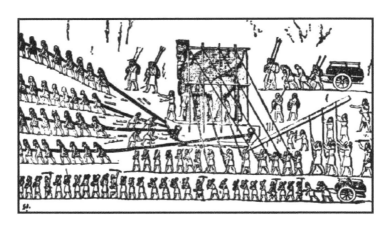

〈그림 1-3〉 지렛대의 이용. 아시리아 사람은 썰매에 실은 거대한 석상을 운
반하는 데 지렛대를 썼다(『인류와 기계의 역사』에서)

옛날에 운반은 인간의 '손'과 '발'로써 이루어졌다. 그러나 손에
들고, 등에 지고 나르기에는 너무 무거워서 불가능한 것도 있
다. 이집트의 피라미드를 쌓을 때는 약 1㎥나 되는 커다란 돌
을 사람의 힘으로 운반했다. 이렇게 크고 무거운 돌을 운반하
는 데는 인간의 손발만으로는 불가능하다. 그러면 그 크고 무
거운 돌을 나를 때 어떻게 했을까? 기둥 하나를 돌 밑에 비스
듬히 찔러 넣고, 기둥 위쪽을 손으로 눌러보았더니 무겁고 큰
돌도 비교적 가볍게 움직일 수 있었다. 즉 지렛대를 써서 무거
운 것을 움직이는 방법을 배우게 되었다.

그리스의 아리스토텔레스나 아르키메데스는 이 이상한 힘을
가진 지렛대에 대해 연구하여, 한 개의 막대에서의 '지점'(支点)
의 위치와 외력(外力)을 가하는 '장소'와 '크기'에 대한 관계를
발견했다. '지렛대의 원리'에 대한 이 발견은 그 후 다방면에

〈그림 1-4〉 구멍 뚫기. 이 사무용기도 지렛대의 응용이다

응용되어 기본적인 기계기술의 하나로 꼽히는 중요한 것이 되었다.

지렛대의 법칙에 대해 아르키메데스(Archimedes, B.C. 287~212)는 다음과 같이 말했다.

1. 서로 같은 중량이 서로 같지 않은 거리에서 작용할 때는 균형이 잡히지 않는다. 먼 거리에서 작용하는 쪽의 중량이 처진다.

2. 서로 같지 않은 중량이 같은 거리에서 작용할 때는 균형이 잡히지 않는다. 무거운 쪽의 중량이 처진다.

3. 서로 같지 않은 중량이 서로 같지 않은 거리에서 작용하면서 균형이 잡힐 때, 무거운 쪽의 중량이 가까운 거리에 있다.

4. 서로 같지 않은 중량은 그 거리에 반비례할 때, 균형이 잡힌다.

아르키메데스는 덧붙여서 "내가 설 수 있는 발판을 준다면,

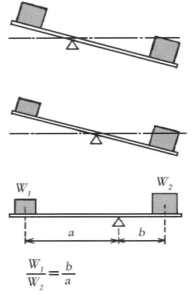

$$\frac{W_1}{W_2} = \frac{b}{a}$$

〈그림 1-5〉 지렛대의 법칙

나는 지구를 움직여 보이리라."라고 말했다고 한다.

아르키메데스는 기원전 287년경, 시라쿠사(Siracusa, 이탈리아의 시칠리아)에서 태어났다. 이 무렵은 로마와 카르타고 (Carthago)가 싸우고 있던 동란 시대였다. 시라쿠사의 전제군주 히에론 2세(Hieron II)와 인척 관계였던 데서 그의 과학 기술적 재능이 투석기(投石器)를 비롯한 각종 무기의 고안에 이용되었다.

히에론의 요청에 응해서 아르키메데스는 적은 힘으로 무거운 짐을 움직일 수 있는 장치를 발명하여 왕의 면전에서, 짐을 실은 무거운 배를 쉽게 육지로 끌어당겼다고 한다. 이 장치는 몇 개의 치차를 조합해서 활차를 이용한 것이다.

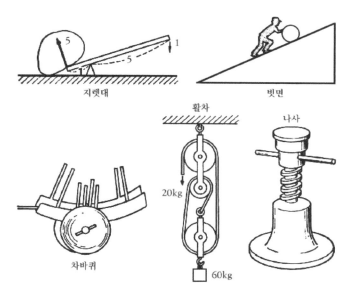

〈그림 1-6〉 다섯 종류의 단일기계

이 시대에 사용된 기계의 대부분은 아르키메데스에 의해 고안되었다고 한다. 그리고 현재에도 활차와 치차는 기계의 요소로서 중요한 역할을 하고 있다.

기원전 100년경, 알렉산드리아의 과학자 헤론(Heron)은 역학(力學)에 관한 그의 저서에서 다섯 개의 단일기계에 대해 설명하고 있다. 다섯 개의 '단일기계'란 지렛대, 축바퀴(輪軸), 빗면(쐐기), 나사, 활차를 말한다.

활차는 무거운 것을 들어 올리는 장치에 쓰여왔다. "무거운 돌을 끌어 올리려고 하면 그것에 비끄러맨 밧줄을 무거운 돌에 대등한 힘으로 끌어당기지 않으면 안 된다."라고 헤론은 말했다. 다시 "밧줄의 한 끝을 고정된 곳에 비끄러매고 다른 끝을

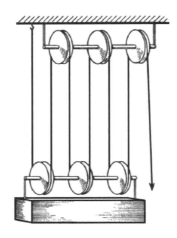

〈그림 1-7〉 고정차와 활동차를 조합하여 용이하게 무거운 것을 들어 올리는
장치―끄는 힘은 들어 올리는 힘의 6분의 1이면 된다

돌에 고정시킨 활차에 걸면, 한층 쉽게 그 돌을 움직일 수 있
다"라고 하고 "돌에 장치할 활동차(滑動車)나 고정된 곳에 장치
할 활차의 수가 많으면 많을수록 더욱 쉽게 돌을 들어 올릴 수
있다"라고 했다. 이는 곧 '고정차'와 '활동차'의 조합에 따르는
이론을 밝힌 것이다.

　로마인에게 있어서 수학이나 천문학은 일상생활에 필요한 연
장이었지만, 건축이나 토목공사 등의 실용 면에서는 역학 또한
필요했다.

　기원전 70년, 캄파니아(Campania)의 한 도시 게타에서 태어
난 비트루비우스(Vitruvius)는 『건축에 대하여』라는 저서에서 기
술자는 다면적인 과학적 수업(修業)이 필요하다는 것을 강조했
다. 기술자는 수학에 숙달해야 할 뿐만 아니라 법률과 의학도
필요하다고 말했다. "과학을 잊어버리고 기계에 숙련하려고 생

〈그림 1-8〉 로마시대의 기중기—고정차와 활동차가 잘 이용되고 있다

〈그림 1-9〉 대저울—지렛대의 균형을 이용

각하는 사람은 자기 일을 만족스럽게 달성하지 못할 것이다. 과학에만 의존하는 사람도 또 잘되지 않는다. 이론과 실제를 근본적으로 파악한 사람만이 충분히 훌륭한 일을 할 수 있다” 라고 한 것은 비트루비우스의 말이지만 오늘날에도 아직 그대

로 통용된다.

　로마시대에 활차나 지렛대는 무거운 것을 들어 올릴 때 널리 이용되었다. 활동차를 사용해서 약간의 힘으로 무거운 것을 움직이게 하는 기중기는 건축이나 토목공사에서 중요해졌다. 또 지렛대는 무거운 것을 움직일 때뿐만 아니라, 그것의 평형상태(平衡狀態)를 잘 이용해서 물건의 무게를 다는 대저울로도 사용되었다. 로마시대의 기술자는 공학의 습득을 위해 전문가에게 배웠는데, 기초 지식으로서 수학, 광학, 천문학, 역사, 법률을 배웠다.

무엇을 기계라고 부르는가

　일상생활에서 우리는 '기계'라는 말을 매우 많이 듣는다. 또 '기계'라는 말을 쓰는 경우도 많다. 그런데 기계란 무엇이냐고 새삼 질문을 받게 되면 간단히 대답하지 못한다.

　세탁기, 냉장고, 청소기 등이 모두 기계이다. 시계, 카메라, 재봉틀도 기계이다. 또 자동차, 기관차, 비행기도 기계이다. 자전거, 삼륜차, 오토바이도 기계이다.

　이 밖에도 아직 많이 있으나 그 어느 것에도 공통적인 것을 든다면 다음과 같다. 첫째로, 어느 기계에도 밀거나 끌어당기거나 하는 힘이 가해졌을 때는 그 힘에 견뎌내는 강한 재료가 사용되어 있다. 가령 철, 구리, 황동, 알루미늄 등이 그것이다. 물처럼 그대로 두면 흘러가 버리는 것도 어떤 일정한 그릇에 담으면 힘에 대해서 충분히 대항할 수 있으므로, 기계의 구성 부분으로 사용할 수가 있다. 또 공기와 같은 것이라도 고무공처럼 봉입(封入)해 놓으면 힘에 반발해서 용수철과 같은 작용을 한다. 밧줄이나 사슬처럼 미는 힘에 대해서는 전혀 저항이 없는 것이라도 당기는 힘에 대해서는 충분히 저항함으로, 이것도 기계의 부분으로 사용할 수 있다.

둘째로는, 기계를 구성하고 있는 각 부분은 서로 어떤 일정한 운동을 하고 있다. 시계는 태엽만 감아두면 시곗바늘은 늘 같은 운동을 한다. 손으로 시곗바늘을 반대 방향으로 돌리지만 않는다면 시곗바늘은 같은 방향으로 일정한 속도로 계속 회전할 것이며, 카메라는 셔터 버튼을 누르면 언제라도 셔터가 열리고 닫힌다. 어떤 일정한 운동을 하기 위해서는 운동을 전달하는 장치가 필요하다. 각종 부분품이 서로 움직여서 힘을 전달하고 있는 것이다.

운동이라고 하더라도 여러 가지가 있다. 카메라의 셔터 버튼은 직선으로 왕복운동을 하지만, 셔터는 몇 장의 얇은 금속판이 열렸다 닫혔다 하는 운동이며, 셔터 버튼의 운동은 셔터의 운동으로 변환되어 있다. 더구나 셔터가 열려 있는 시간은 몇 분의 1초라고 하는 순간적인 운동이며, 그것이 열려 있는 시간도 여러 가지로 바꿀 수 있게 되어 있다. 그렇기 때문에 셔터 버튼과 셔터 사이에는 각종 장치가 짜 넣어져 있다.

셋째로는, 기계를 움직이기 위해서는 어떤 동력원이 필요하다. 자동차에는 엔진이 붙어 있고, 세탁기에는 모터가 붙어 있다. 시계에는 태엽이 들어 있어 이것을 손으로 감아두면 용수철이 풀리는 힘으로 시계가 계속해서 작동한다. 또 수정시계 같은 것에는 전지가 들어 있어 그 전지에 의해서 움직인다. 때로는 인력이나 축력(畜力)을 이용하기도 한다.

동력기계에서 얻은 힘을 다른 각 부분에 전달하는 장치도 있

24

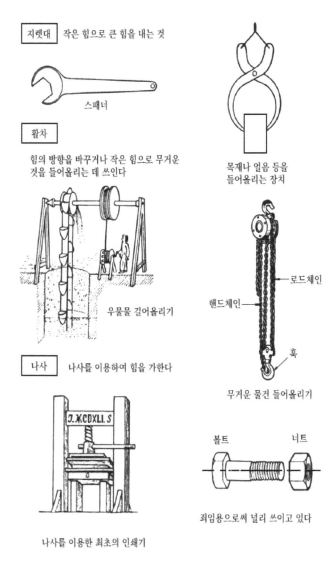

지렛대 | 작은 힘으로 큰 힘을 내는 것

스패너

활차

힘의 방향을 바꾸거나 작은 힘으로 무거운
것을 들어올리는 데 쓰인다

우물물 길어올리기

목재나 얼음 등을
들어올리는 장치

로드체인

핸드체인

훅

무거운 물건 들어올리기

나사 | 나사를 이용하여 힘을 가한다

J.KCDXLI.S

나사를 이용한 최초의 인쇄기

볼트   너트

죄임용으로써 널리 쓰이고 있다

〈그림 1-10〉 단일기계의 여러 가지

다. 전달된 힘은 각 부분을 움직여서 우리에게 쓸모 있는 일을 하고 있다.

기계란 이상과 같은 것이라고 생각하면 좋을 것이다. 우리는 되도록 편리한 생활을 하고 싶다고 생각해서, 예로부터 많은 기계를 발명하고 그것을 사용해 왔다.

처음에는 지극히 간단한 구조의 기계였으나 차츰차츰 복잡해지고 그 성능이 향상되어 왔다. 현재 우리가 사용하고 있는 기계는, 얼핏 보기에 복잡하게 보이는 것이 매우 많다. 누구라도 쉽게 쓸 수 있지만 그 내부가 어떻게 되어 있느냐는 것은 쉽게 알 수 없는 것이 많다. 그러나 언뜻 복잡하게 보이는 것이라도 세밀하게 분해해 보면, 지렛대나 치차의 아주 평범하고 간단한 것으로써 이루어져 있는 것을 알 수 있다.

지렛대, 활차, 나사, 치차, 용수철, 링크장치는 기계에 쓰이고 있는 가장 기본적인 것으로, 예로부터 오늘날까지 널리 이용되고 있다.

〈그림 1-10〉은 이른바 단일기계라고 불리는 지렛대, 치차, 나사의 응용 사례이다. 〈그림 1-11〉은 16세기경에 사용되었던 수차(水車)를 이용한 물 긷는 기계의 그림이다. 커다란 수레 속에 사람이 들어가서 발로 밟아서 그 바퀴를 돌리고 있다. 커다란 바퀴의 회전은 나무로 된 치차에 의해, 상부 오른쪽에 전달되어 염주 알처럼 꿰어져 있는 볼(Ball)을 움직이게 되어 있다. 이 볼은 우물 속에 넣어둔 원통형의 홈 속을, 아래에서 위로 빠져나간다. 그때 우물 속의 물이 볼과 함께 올라온다. 이렇게 해서 인력으로 물을 길어 올리고 있었다. 커다란 수레바퀴의 회전은 치차에 의해서 가속되어 볼은 바퀴보다 빨리 돌아가게

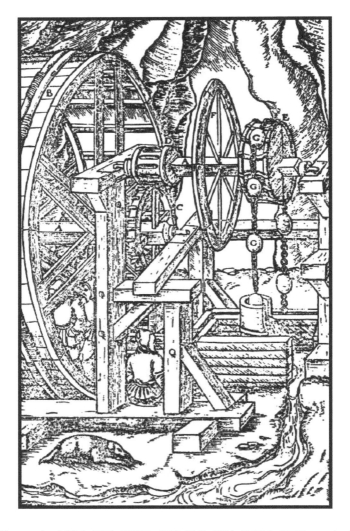

〈그림 1-11〉 수차를 돌려 치차를 써서 물을 길어 올리고 있다(16세기). 축받이는 나무 위에 금속판을 올려놓은 간단한 것

〈그림 1-12〉 용수철의 이용. 위의 그림은 볼 선반인데 13세기경에 쓰였던
　　　　　　발판식 선반이고, 아래 그림은 활을 쏘는 사냥꾼(구석기시대). 인
　　　　　　간이 에너지를 저장하고 있다는 것으로 처음 고안된 것

고안되어 있다.
　〈그림 1-12〉는 가늘고 기다란 막대(볼)의 탄성(彈性)을 사용해
서 선반(旋盤)의 회전운동에 이용하고 있는 그림이다. 활 또한
용수철을 이용한 것이다.

2. 기계의 기초 메커니즘

A. 왕복운동과 회전운동의 조합

크랭크

'왕복운동'을 '회전운동'으로 바꾸는 가장 일반적인 장치는 〈크랭크〉를 이용하는 것이다. 크랭크(Crank)는 예로부터 오늘에 이르기까지 널리 사용되어 왔다. 또 크랭크는 반대로 회전운동을 왕복운동으로 바꾸는 데도 사용할 수 있다. 옛날 곡식을 쌓는 맷돌을 돌릴 때 맷돌의 중심에서 조금 벗어난 곳에 손잡이를 달고, 이것을 손에 쥐고 맷돌을 돌렸다. 그러다가 손 대신 막대를 하나 부착해서 이 막대를 손에 잡고 돌리는 것이 훨씬 더 돌리기 쉽다는 것에 착안한 사람이 나타났다. 이 발견을 계기로 크랭크 기구(機構)가 보급되었다.

퍼 올리는 펌프의 피스톤을 움직이거나 수차의 회전운동을 왕복운동으로 바꾸어서 풀무를 작동시키는 데도 크랭크가 사용

〈그림 2-1〉 길쌈수레를 돌릴 때 크랭크가 쓰이고 있다(15세기)

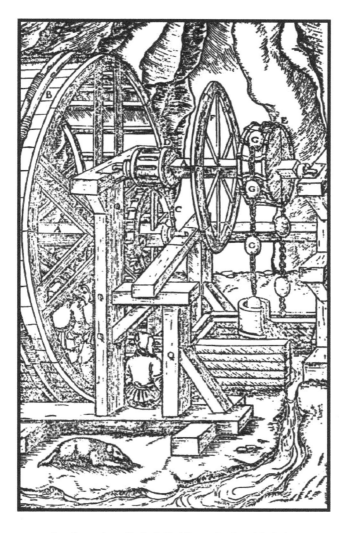

〈그림 2-2〉수차의 축회전을 크랭크를 이용하여
왕복운동으로 바꾸고 있다(아그리콜라)

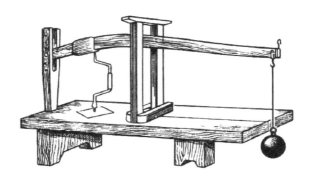

〈그림 2-3〉 지렛대로 압력을 가해 크랭크를 돌려 구멍을 뚫는 장치인데
대장간에서 쓰였다

되었다. 이 오래전 시대의 크랭크는 나무 제품이었다. 그 때문
에 애써 만든 크랭크가 금방 깨져서 쓸모가 없게 되었고, 또
크랭크의 제작도 어려웠기 때문에 그다지 보급되지 못했다. 크
랭크가 널리 쓰이게 된 것은 강철을 사용하게 되면서부터이다.

1780년 제임스 와트(James Watt, 1736~1819)는 그가 발명한
증기기관차의 피스톤의 왕복운동을 회전운동으로 바꾸는 데 크
랭크를 쓰려고 했다. 그러나 크랭크에 대해서는 이미 다른 사
람이 특허를 낸 상태였다. 와트는 무익한 싸움을 피하기 위해
왕복운동을 회전운동으로 바꾸는 새로운 방법을 고안했다. 그
것이 유성치차장치(遊星齒車裝置)이다(그림 2-5).

그러나 얼마 후 증기기관의 피스톤의 왕복운동을 회전운동으
로 바꾸는 데 크랭크의 사용이 일반화되었다.

내연기관(內燃機關)이 발명되고 나서는 피스톤의 운동을 회전
운동으로 바꾸는 데 크랭크를 이용한다는 것이 거의 당연한 일
로 되었다.

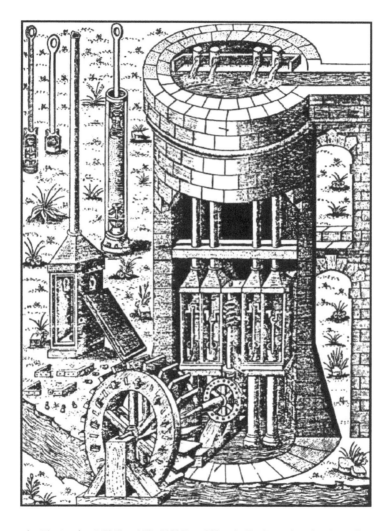

〈그림 2-4〉 수차에 의해 치차를 거쳐 퍼 올리는 펌프의 피스톤을
크랭크로 움직이게 하는 장치(16세기)

34

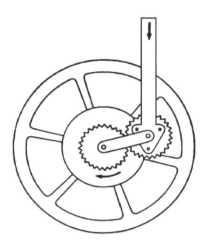

〈그림 2-5〉 와트는 유성치차를 써서 왕복운동을 회전운동으로 바꾸었다

　자동차엔진은 실린더 속에서 가솔린이 폭발적으로 연소해서 그 힘으로 피스톤을 운동시키고 있다. 이 피스톤의 왕복운동을 크랭크에 의해서 회전운동으로 바꾸고, 치차로써 속도와 힘을 여러 가지로 바꾸어 차바퀴에 전달하고 있다. 이와 같이 크랭크는 왕복운동을 회전운동으로 바꾸거나 또 회전운동을 왕복운동으로 바꾸는 데 가장 보편적으로 사용되는 것이 되었다.

　피스톤은 왕복 '직선'운동을 하지만 그다지 장거리의 직선운동은 하지 못한다. 그럴 때 직선운동이 가능한 범위는 크랭크 길이의 2배이다. 크랭크가 등속도(等速度)로 회전하고 있을 경우 피스톤은 직선운동의 양 끝에서 정지하고, 중앙에서 그 속도가 최대로 된다.

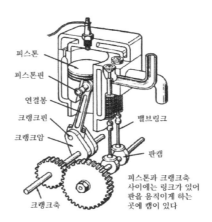

〈그림 2-6〉 내연기관에선 피스톤의 왕복운동을 크랭크에 의해 회전운동으로
　　　　　바꾸고 있다. 크랭크축의 회전을 캠에 치차로 전하여 흡배기판을
　　　　　움직이게 한다

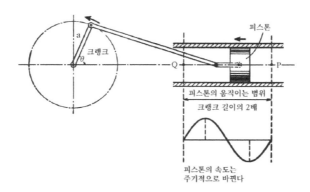

〈그림 2-7〉 크랭크가 회전하면 피스톤은 왕복운동을 한다

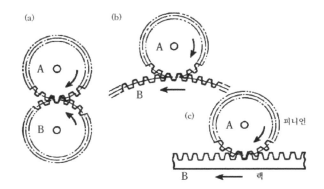

〈그림 2-8〉 피니언과 랙. ⒜ 치차 A, B가 맞물려 있다. ⒝ B의 지름을 크게
해 돌려가고, ⒞ 그것이 무한대로 된 것을 랙이라 하며 A를 피
니언이라 한다

피니언과 랙

두 개의 맞물리고 있는 평치차(平齒車)의 한쪽 치차의 반지름
을 무한대로 만들어 가면 이윽고 그 치차의 이는 일직선으로
늘어선다.

이와 같이 만들어진 치차를 랙(Rack)이라고 부른다. 랙과 맞
물리는 작은 치차를 피니언(Pinion)이라고 한다. 피니언이 회전
하면 랙은 직선운동을 한다. 반대로 랙이 직선운동을 하면 피
니언이 회전한다.

랙을 정지시켜 두고 피니언을 돌리면 피니언 자체가 움직이
고, 그 축은 직선운동을 한다. 랙과 피니언의 이를 없애고, 판
판하게 만든 것은 마치 도로 위를 달리는 자동차와 같다.

선반의 왕복대는 거기에 붙어 있는 피니언이 회전하여 고정
된 랙에 의해서 직선운동을 하게 되어 있다.

그것을 응용한 것 중 하나가 길이의 측정기인 다이얼 게이지

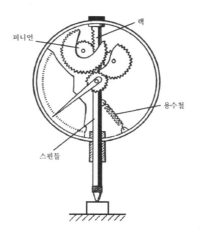

〈그림 2-9〉 다이얼 게이지는 랙으로 피니언을 움직이고, 치차 열로 동작을
확대하여 지침을 움직이게 한다. 스핀들 끝의 동작으로 길이를
측정하는 데 쓰인다

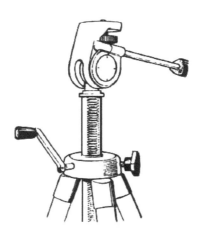

〈그림 2-10〉 삼각대도 랙과 피니언의 응용

38

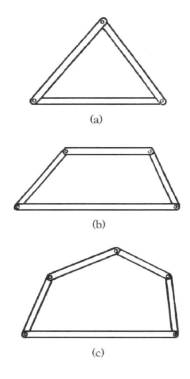

(a)

(b)

(c)

〈그림 2-11〉 링크장치. (a) 3개의 링크-움직이지 않음 (b) 사절 기구. 4개의
링크-규칙적으로 움직임 (c) 5개의 링크-불규칙적으로 움직임

(Dial Gauge)이다. 그것은 스핀들(Spindle)이 직선운동을 하고,
거기에 새겨 있는 랙과 맞물리고 있는 피니언이 회전함으로써
지침(指針)이 움직이게 되어 있다.

　사진 촬영용에 사용되는 삼각대는 핸들을 돌리면 카메라를
올려놓는 좌대가 상하로 움직이지만, 좌대 밑에는 랙이 있어서
핸들은 그것과 맞물고 있는 피니언을 돌려주고 있다.

사절 기구

세 개의 막대, 즉 세 개의 링크를 핀으로 서로 결합하면, 링크는 저마다 서로 움직일 수 없게 된다. 그래서 링크를 넷으로 하면 각 링크는 서로 움직일 수 있으나, 어떤 일정한 운동을 할 수 있을 뿐 제멋대로 움직일 수는 없다. 링크의 수를 다섯으로 하면 어떻게 될까? 이 경우는 일정한 운동이 아니라 제멋대로 움직여 버린다. 만들어진 기계는 실제로 쓸모가 있고, 이용이 가능한 것이 아니면 안 된다. 그러기 위해서는 기계가 제멋대로 마구 움직여서는 곤란하기 때문에, 늘 일정한 운동을 해주지 않으면 이용할 수가 없다. 링크를 조합한 것 중에 기계의 구성 부분으로 이용할 수 있는 것은 위에서 말한 네 개의 링크를 조합한 것이다. 이것을 '사절 기구(四節機構)'(그림 2-11)라고 부른다.

지렛대 크랭크 기구

네 개의 막대를 핀으로 결합하고, 그중의 하나를 고정시킨 것은 링크 기구의 기본이다.

그때 각 링크의 길이를 적당히 선정하는데, 따라서 여러 가지 운동을 시킬 수 있다.

가령 〈그림 2-12〉에서 a가 c보다 짧을 때는 a가 어느 각도를 돌아가면 c도 돌아가지만, a보다 c의 회전각도가 작다. 이것은 큰 회전각도를 작은 회전각도로 바꾸고 싶을 때 이용된다. 또 a를 c보다 길게 하면 a의 작은 회전각도에 대해 c는 큰 회전각도가 된다. 이것은 작은 회전각도를 큰 회전각도로 바꾸고 싶을 때 이용된다.

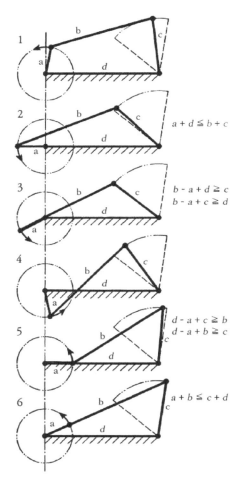

〈그림 2-12〉 지렛대 크랭크 기구

　파워 셔블(Power Shovel)에서는(그림 2-13) 흙삽(Bucxet)이 잘
움직여서 흙이니 돌멩이를 퍼 올리게 돼 있는데, 이것은 '네 개
의 링크' 즉, 사절 기구의 응용이다.

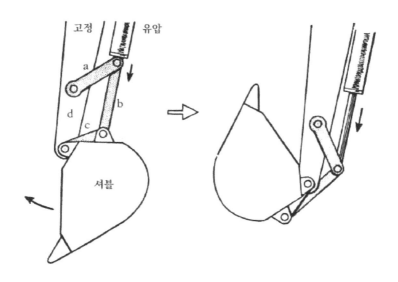

〈그림 2-13〉 셔블은 링크에 고정되어 있다. 유압으로 링크 b를 누르면 c가
회전하여 셔블을 움직인다

파워 셔블의 움직이지 않는 고정대 d에 링크 a, b, c가 핀으
로 결합되어 링크 a보다 링크 c가 짧다. a와 b와의 결합점을
유압으로 누르면, a의 회전각보다 c의 회전각이 크므로, c에
고정되어 있는 흙삽은 처음에는 아래쪽을 향해 있지만, 차츰
위로 향하면서 속에 담은 토사(土砂)를 쉽게 퍼 올리는 것이다.

사절 기구에서 가장 긴 링크 d를 고정하고, 다른 링크의 길
이를 적당하게 택할 때, 링크 a가 1회전 하면 링크 c는 왕복운
동을 한다. 이와 같은 것을 '지렛대의 크랭크 기구'라고 하며,
응용 범위가 넓은 링크장치가 된다.

〈그림 2-12〉처럼 링크 a, b, c, d를 결합했을 때, a를 가장
짧은 링크라 하고 링크 d를 고정시켰다고 하자. 이때 링크 a가

360°를 회전하기 위해서는 그림에서 본 것처럼 각 링크의 길이에 어떤 조건이 필요하다. 그 조건을 정하는 데는 다음과 같이 생각하면 된다. 즉 링크 a가 회전해서 링크 a와 b가 일직선으로 되는 때가 두 곳이 있다(〈그림 2-12〉의 3과 6). 하나는 b와 a가 겹쳐지지 않을 때다(6). 링크 c는 이 두 범위 내에서 왕복운동을 한다. 이 사절 기구는 회전운동을 왕복운동으로 바꾸고 싶을 때, 혹은 왕복운동을 회전운동으로 바꾸고 싶을 때에 쓰이는 기본적인 기구이다. 발로 밟는 발재봉틀이나 선반은 발의 왕복운동을 회전운동으로 바꾸는 데 이 장치가 응용되어 있다.

지렛대 크랭크(그림 2-14) 기구에서는 크랭크의 회전 방향은 우회전이나 좌회전이거나 모두 계속해서 돌릴 수가 있다. 지렛대는 크랭크의 회전에 의해서 핀 결합의 D점을 중심으로 왕복운동을 한다. 그러나 지렛대를 움직여서 크랭크를 회전시키려고 하면, 두 점에서 움직이지 않는 곳이 생긴다. 하나는 크랭크 a와 지렛대를 결합하고 있는 b에서 일직선이 된 곳이다. 즉 지렛대가 가장 오른쪽 끝으로 갔을 때는 좌우로 움직이려고 해도 a, b는 움직이지 않는다. a와 b의 결합점 P를 우회전이나 좌회전으로 돌려주지 않으면 크랭크가 돌아가지 않는다. 또 한 점은 a와 b가 겹쳐서 일직선이 된 곳이다. 즉 지렛대가 가장 왼쪽 끝에 왔을 때는 지렛대를 좌우로 움직이려 해도 크랭크가 움직이지 않는다. 이때도 크랭크 a의 끝 B를 오른쪽이나 왼쪽으로 돌려주지 않으면 크랭크는 운동을 하지 않는다. 위의 두 점을 '사점(死点)'이라고 부른다. 지렛대 크랭크 기구에서 지렛대를 왕복운동하게 해서 크랭크를 돌리려고 할 때는 이 사점을

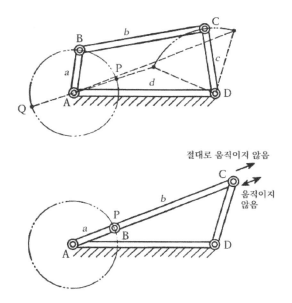

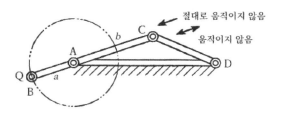

〈그림 2-14〉 지렛대 크랭크 기구의 사점(死点)

피하는 연구가 필요하다.

또 사절 기구에서 고정하는 링크를 바꾸면 다른 새로운 운동
이 얻어지며, 목적에 따라서 여러 가지로 응용된다.

가령, 사절 기구의 가장 짧은 링크를 고정시키면 그 링크의
양 옆의 링크는 함께 회전운동을 한다. 이것을 '이중 크랭크 기

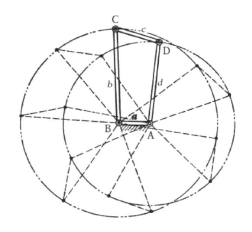

〈그림 2-15〉 이중 크랭크 기구

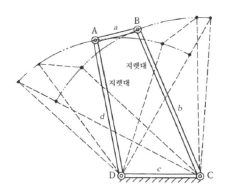

〈그림 2-16〉 이중 지렛대 기구

구'(그림 2-15)라고 한다. 또 가장 짧은 링크의 맞은편의 링크를 고정하면, 그 양옆의 링크는 어떤 범위 내의 왕복운동을 한다. 이것을 '이중 지렛대 기구'(그림 2-16)라고 한다.

슬라이더 크랭크 기구

〈그림 2-17〉에 보았듯이 사절 기구에서 링크 c의 길이를 0으로 한 것, 즉 B가 c와 겹친 링크장치를 '슬라이더 크랭크(Slider Crank) 기구'라고 부른다.

증기기관이나 내연기관의 실린더, 피스톤, 크랭크는 이 링크 장치의 응용이다. 이 장치는 회전운동을 왕복운동으로 바꾸고 싶을 때, 또 그 반대로 왕복운동을 회전운동으로 바꾸고 싶을 때 사용된다.

증기기관이나 내연기관은 피스톤의 왕복운동을 크랭크에 의해서 회전운동으로 바꾸어 차를 달리게 하거나, 기계를 움직이고 있다. 피스톤과 크랭크를 잇는 막대를 '커넥팅 로드 (Connecting Rod)'라고 부르고 있다. 이 기구에서는 커넥팅 로드와 크랭크가 일직선이 되는 곳이 두 곳이 있다. 하나는 커넥팅 로드와 크랭크가 겹쳐지는 곳이며(〈그림 2-17〉의 3), 또 한 곳은 커넥팅 로드와 크랭크가 겹쳐지지 않고 일직선이 되는 곳이다(〈그림 2-17〉의 4).

〈그림 2-17〉의 3에서는 피스톤이 오른쪽 방향으로 움직이려 하면, 크랭크는 좌회전도 우회전도 다 가능하다. 그러나 실제의 기계에서는 어느 쪽으로 회전할지를 정하지 않으면 곤란하므로, 회전 방향이 일정해지도록 고안되어 있다. 또 겹쳐지지 않고, 일직선으로 되어 있는 경우라도(〈그림 2-17〉의 4) 피스톤이 왼쪽 방향으로 움직이기 시작하면 크랭크는 좌회전이든 우회전 이든 다 가능하다. 정확하게 일직선으로 되어 있을 때는 (3)의 경우나 (4)의 경우에서도, 피스톤이 움직이려 해도 크랭크를 움직일 수가 없다. 이 두 점을 '사점'이라고 한다.

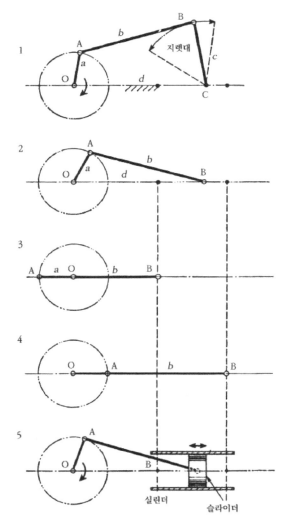

〈그림 2-17〉 사절 기구에서 링크 c의 길이를 O로 하면 B점은 링크 d상에
　　　　　와서 크랭크 a의 회전에 의해 B는 왕복운동을 한다. 이것을 슬
　　　　　라이더 크랭크 기구라고 한다

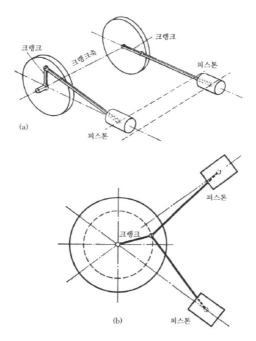

〈그림 2-18〉 (a) 크랭크를 90°로 바꾸어서 크랭크축에 붙이면 사점을 피할
　　　　　　 수 있다 (b) 2개의 피스톤으로 한 개의 크랭크를 돌리면 사점을
　　　　　　 피할 수 있다

　증기기관을 사용해서 회전운동을 시키려고 할 때는 이 사점
을 피하기 위해 두 개의 증기기관을 사용해서 크랭크의 위치를
90°로 처지게 해두면, 어느 한쪽이 사점에 있더라도 다른 쪽이
사점이 아니므로 회전이 지속된다(그림 2-18).

B. 평행운동

팬터그래프

가늘고 긴 막대, 즉 링크 끝을 핀으로 결합한 것을 일반적으로 '링크장치'라고 부른다. 핀으로 결합한다는 것은 그 결합점에서 링크가 서로 회전할 수 있다는 것이다.

링크장치의 응용은 광범해서 기계의 각 부분에 이용되고 있다. 팬터그래프(Pantagraph)도 그것의 하나로서, 이것은 일정한 선도(線圖)를 상사형(닮은꼴)으로 확대하거나 축소하는 목적의 링크장치이다.

네 개의 링크를 〈그림 2-19〉 (1)과 같이 결합해서 A는 움직이지 않는 받침대에 부착시켰다고 하자. BCDE는 평행사변형으로, 길이 BC와 길이 DE와는 같으며, 또한 길이 CD와 길이 BE도 같다. A, E, F를 일직선상에 놓이게 하면 E, F가 그리는 선도는 닮은꼴이 된다. 그 크기의 비는 CD : CF이다.

(2)와 같이 F를 피스톤에 연결하면 F의 운동과 E의 운동은 서로 같으므로, E에 실을 매어 그 끝을 피스톤이 움직이는 모양을 도시하는 인디케이터(Indicator)에 연결하면 엔진 작동 중의 피스톤의 운동을 바깥으로 이동시킬 수 있다.

팬터그래프는 상사형을 그리는 데 이용되지만, 역상사형을 그리는 팬터그래프로서 (3)과 같은 것이 있다. 콜 마크 인버스(Call Mark Inverse)라 불린다. AC=AE, AB=AD, CG=GE, BF=DF로 하면, F와 G는 역상사형을 그린다.

사절 기구에서 마주 보고 있는 링크의 길이를 같게 하면 평

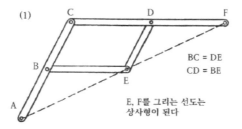

(1)

BC = DE
CD = BE

E, F를 그리는 선도는
상사형이 된다

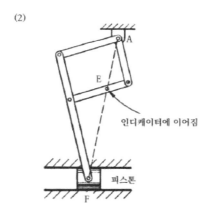

(2)

인디케이터에 이어짐

피스톤

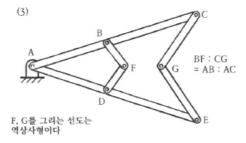

(3)

BF : CG
= AB : AC

F, G를 그리는 선도는
역상사형이다

〈그림 2-19〉 팬터그래프의 예

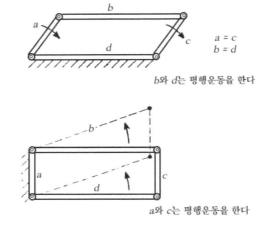

b와 d는 평행운동을 한다

a와 c는 평행운동을 한다

〈그림 2-20〉 평행운동을 하는 평행사변형

행사변형이 된다. 이 중 링크 하나를 고정한 것은 평행운동을 하는 기구로서 응용되고 있다.

　〈그림 2-20〉에서 링크 a를 회전시키면 링크 c도 a와 같은 방향, 같은 속도로 회전한다. b는 a, c의 회전에 따라서 링크 d에 대해서 평행으로 이동한다.

　오래전 미시시피강을 내왕하던 외륜선(外輪船)에는 배를 추진시키기 위해 배의 측면에 수차와 같은 모양을 한 수레바퀴가 부착되어 있었다. 이 수레바퀴에 붙은 날개판을 움직이는 데는 '평행운동 기구'가 이용되었다(그림 2-21).

　바퀴에 부착된 링크 a, b, c, d 중 a와 c, b와 d의 길이는 같고, a는 고정되어 있어 움직이지 않는다. d와 b는 바퀴가 회전하면 각기 원운동을 하는데, 링크 c는 언제나 링크 a와 평행으로 운동하므로 c에 부착되어 있는 날개판은 늘 수직을 유지

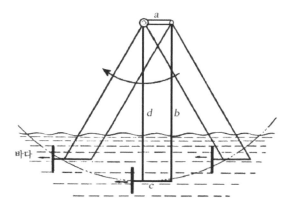

〈그림 2-21〉 외륜선의 물 젓기 날개판은 물속에서 흐름을 향해 움직인다

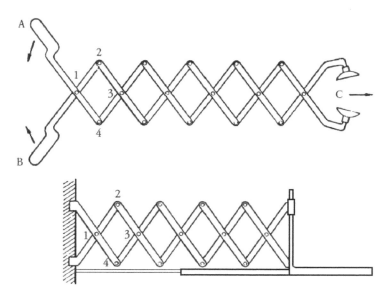

〈그림 2-22〉 평행운동을 이용한 것

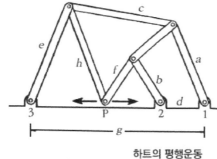

포슬리에 평행운동

$a = b$
$c = d$
$e = f = g = h$
P의 운동은 a에 직각
(A, B는 고정)

캠프 평행운동

$$\frac{a}{b} = \frac{c}{d} = \frac{e}{f} = \frac{g}{h}$$
$f = d \quad c = e = h$

1, 2, 3을 직선으로 한다.
P는 그 선상을 운동한다

하트의 평행운동

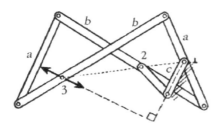

1, 2, 3은 일직선 링크
a, b를 같은 비율로
나누고 있다. 3은 링크
c에 직각으로 운동한다

〈그림 2-23〉 평행운동 기구의 여러 가지

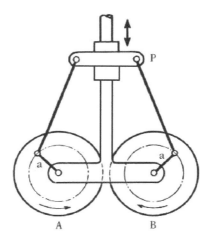

〈그림 2-24〉 카트라이트 평행운동. 크랭크 a는 치차 AB와 같은 축

하면서 회전하므로 물속에 들어갔을 때 효과적으로 물을 휘젓을 수 있다.

　같은 길이의 링크 몇 개를 핀으로 결합해도 '평행운동 기구'가 만들어진다. 〈그림 2-22〉에서 12, 23, 34, 41은 각각 같은 길이다. A, B를 오므리면 끝 C는 급속히 안으로 뻗어 나간다. 이 장치에서는 신축(伸縮)을 하더라도 일직선상에 늘어서 있는 각 핀의 거리의 비는 일정하다. 전화를 올려놓는 받침대에 이 기구가 응용되어 있다. 또 좌우로 신축하는 문짝에도 사용한다.

　링크를 몇 개 결합해서 평행운동, 혹은 직선운동을 하는 기구는 포슬리에(프랑스)가 발명한 평행운동 기구 외에 많은 사람에 의해 고안되었다.

　그 예로서 하트, 캠프의 평행운동 기구들이 있다. 또 치차를 사용해서 평행운동을 하게 하는 장치도 여러 종류가 있어, 실

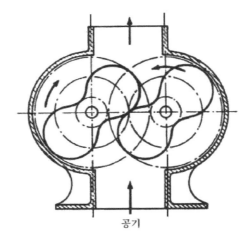

공기

〈그림 2-25〉 루츠 송풍기

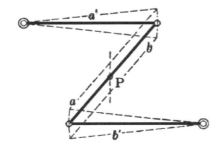

$$\frac{a}{b} = \frac{a'}{b'}$$

a', b'는 평행
a', b'를 상하로 움직이면
P는 근사적으로
직선운동을 한다

〈그림 2-26〉 와트의 근사 평행운동

제로 응용되고 있다. 카트라이트(Edmund Cartwright, 1743~
1823, 영국)가 발명한 평행운동 기구는 두 개의 같은 치차를 이
용한 것으로 구조는 아주 간단하다. 이것을 응용한 것 중의 하
나가 공기를 보내는 루츠(Roots) 송풍기이다. 이것은 두 개의
표주박 꼴을 한 회전자가 항상 케이싱(Casing) 속에 맞닿으면서

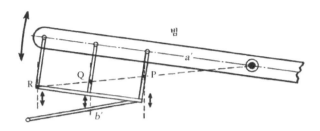

〈그림 2-27〉 P, Q, R에서 수직으로 하강하는 링크는 모두가 상하 직선운동
을 한다. 와트의 증기기관에 쓰였다

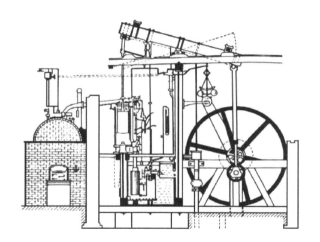

〈그림 2-28〉 와트의 증기기관. 상부 빔 왼쪽에 근사 평행기구를 볼 수 있다

반대 방향으로 회전하고, 회전자와 송풍기 상자가 서로 접촉되
어 있으므로 회전에 따라 일정량의 공기를 보내는 데 이 기구
를 이용하고 있다.

제임스 와트는 증기기관의 피스톤 운동을 전달하는 '근사 직
선운동'을 발명했다. 〈그림 2-26〉에서 두 개의 링크 a′, b′를

평행으로 두고, 그것을 다른 또 하나의 링크로 결합한다. 한가운데 링크 위의 점 P를 그 링크 위에서 a′ : b′의 위치라고 하고, a′ b′를 움직이게 하면, P는 근사적으로 직선운동을 한다.

와트는 증기기관을 제작했을 때, 피스톤의 상하운동을 윗부분의 굵은 빔(Beam)으로 전달하는 데 이 근사 평행운동을 이용했다(그림 2-27).

C. 급속복귀 기구

왕복의 메커니즘

왕복운동에서 왕복의 속도가 다른 기구를 '급속복귀 기구'라고 한다. 형삭반(形削盤)에 응용되어, 바이트(Bite)가 절삭(切削)을 할 때는 느리게 움직이고, 바이트가 원위치로 돌아갈 때는 재빠른 쪽이 능률적임으로 이 기구가 사용된다.

위와 같이 하려면 어떤 기구를 생각하면 될까? 크랭크가 회전하면(그림 2-29) 슬라이더의 운동에 의해 크랭크 b는 왕복운동을 한다. 크랭크가 각(角) α를 회전할 때는 크랭크는 1에서 2로, 각 β를 회전할 때는 크랭크는 2에서 1로 움직인다. 각 α가 각 β보다 작으므로 크랭크의 운동은 1에서 2로 향하는 것이, 2에서 1로 향하는 것보다 그 속도가 빨라진다. 크랭크 b에 형삭반의 받침대를 연결해 두면 그 받침대는 급속복귀운동을 하게 되는 것이다.

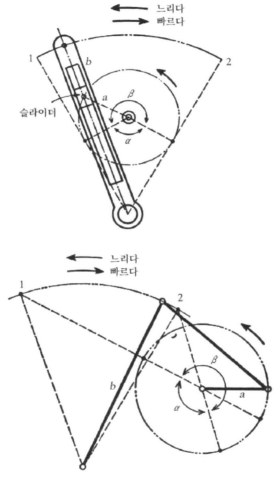

느리다
빠르다

1

b

β

슬라이더

a

α

2

느리다
빠르다

1

2

β

b

a

α

〈그림 2-29〉 급속귀환 기구

D. 간헐운동

동과 정의 메커니즘

연속적으로 일정한 속도로 회전하는 운동을 바탕으로 해서, 간헐적인 운동을 하게 했으면 할 때가 자주 있다.

우리의 일상생활 주변에서 간헐운동을 하고 있는 것을 찾아보면 디지털시계, 카세트테이프 레코드의 회전계 등이 있다.

시침과 분침이 있는 보통의 태엽시계나, 진자시계도 간헐운동이다. 시침이나 분침이 연속적으로 일정한 속도로 운동하는 것이 아니라 움직였다 멈췄다 한다. 그것은 움직였다 멈췄다 하는 거리나 시간이 매우 짧기 때문에 눈으로 볼 때는 연속적으로 운동하고 있는 듯 보인다.

간헐운동에 사용되는 치차를 조합한 예를 몇 가지 살펴보겠다. 간헐운동을 하게 하기 위한 치차는 이의 수나 모양이 특수하다.

우선 8㎜, 16㎜의 영사기, 촬영기가 있다. 이 기계들이 필름을 회전시키는 데는 간헐운동을 하는 독특한 치차 장치가 조합되어 있다. 영사기의 경우, 렌즈 앞에서 필름이 일단 정지해서 스크린에 투영되고, 그다음에 셔터가 닫혀서 스크린이 캄캄해진다. 그사이에 필름 한 컷이 보내지고, 다음 컷이 렌즈 앞에 왔을 때 셔터가 열리며 스크린에 투영된다. 즉 필름을 움직였다 멈췄다 하고 있다. 보통 1분간 24컷을 보내게 되어 있다.

필름을 간헐적으로 움직이게 하는 데는 '십자차'라는 치차가 사용되고 있다. 십자차의 역할은 영사기나 촬영기에서도 마찬가

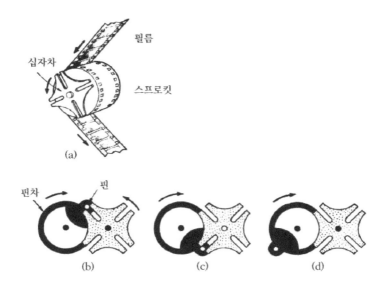

(a) 필름은 스프로킷에 의해 보내진다. 스프로킷에는 십자차가 달려 있다
(b) 핀차는 일정한 속도로 회전하고 있다. 핀차가 십자차의 홈에 들어가려고
   한다
(c) 핀의 회전으로 십자차는 1/4 회전한다
(d) 핀은 십자차에서 떨어져서 회전하고 있다. 이사이 십자차 곧 스프로킷은
   정지하고 있다
〈그림 2-30〉 십자차에 의한 간헐운동

지이며, 전원 스위치가 들어오면 모터가 회전하기 시작한다. 이
모터의 회전이 십자차에 의해서 간헐운동으로 바뀌는 것이다.
  그 동작은 이렇다. 모터로 '핀차'를 회전시키면 핀이 십자차
의 홈 속에 들어갔을 때만 십자차가 돌아간다. 핀이 홈에서 빠
져나오면 십자차가 정지한다. 다시 핀이 돌아와서 십자차의 홈
에 들어가면 그것을 돌리는 식으로 되풀이해서, 핀차의 연속회
전에 의해 십자차가 간헐운동을 한다. 그리고 십자차의 축에

60

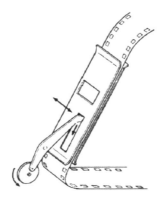

〈그림 2-31〉 크랭크의 회전에서도 간헐운동을 할 수 있다. 이것은 영사기의
　　　　　　필름회전의 예로 작은 차가 회전하면 크랭크에 의해 보냄쇠가
　　　　　　필름을 간헐적으로 보낸다

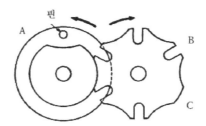

〈그림 2-32〉 B의 홈이 1개소 없는 C와 A의 핀이 C에 왔을 때 A의 회전은
　　　　　　정지된다

직결된 스프로킷에 의해서 필름이 간헐적으로 보내진다.

　십자차의 홈이 네 개인 경우에는, 핀차의 1회전으로 십자차
는 4분의 1회전을 하지만, 십자차의 홈의 수를 여섯 개로 하
면, 핀차의 1회전에 의해서 십자차는 6분의 1회전을 한다.

　또 〈그림 2-32〉와 같이 홈을 C처럼 한 군데에만 만들지 않

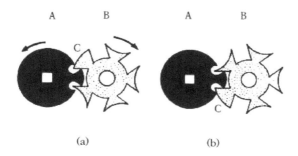

(a)   (b)

〈그림 2-33〉 시계의 태엽을 감을 때 사용되는 제네바 스톱. B차 주위의 원
　　　　　호가 1개소 볼록형으로 되어 있는 C로 A의 회전은 C에 왔을
　　　　　때 정지된다

고 그대로 두면, 핀차 A를 회전해 가면서 핀이 C에서 걸려 그
이상은 A가 돌아가지 않는다. 이것은 A의 축에 용수철이 감겨
있는 시계 등에서 쓰는 용수철을 감은 뒤, 그것을 멈춰두게 하
는 정지 장치로 이용되고 있다. 시계의 산지인 스위스의 제네
바의 이름을 따서 '제네바 스톱'이라고 한다.
　간헐운동은 깔쭉니와 깔쭉톱니바퀴라고 하는 것을 사용해도
된다. 〈그림 2-34〉에서 A를 오른쪽으로 움직이면 깔쭉니 B가
깔쭉톱니바퀴를 우회전시키는 동시에 복귀정지 깔쭉니 C가 깔
쭉톱니바퀴의 이와 맞물려서 깔쭉톱니바퀴가 좌회전하는 것을
막는다. 따라서 A를 좌우로 움직이면 깔쭉톱니바퀴는 간헐적으
로 우회전을 한다. A의 끝을 링크장치로 크랭크와 연결하면, 크
랭크의 회전운동을 깔쭉톱니바퀴의 간헐운동으로 바꿀 수 있다.
　이상의 간헐운동은 어느 것이나 다 회전운동이지만, 간헐직
선운동으로 바꾸는 장치도 있다. 핀차와 맞물리는 십자차의 반
지름을 무한대로 했다고 하면, 핀차의 A의 회전에 의해 B는

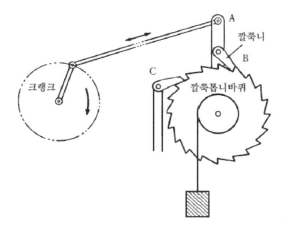

〈그림 2-34〉 깔쭉니와 깔쭉톱니바퀴를 이용한 간헐운동. 핸들 A를 좌우로
운동시키면 깔쭉니 B에 의해 깔쭉톱니차는 간헐운동을 한다

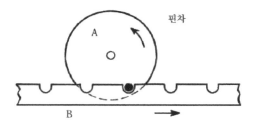

〈그림 2-35〉 핀차 A의 회전에 의해 B는 직선적으로 간헐운동을 한다

간헐적으로 직선운동을 한다. 또 〈그림 2-36〉과 같이 깔쭉니를
사용해도 된다. 핸들 A를 아래로 움직이면 깔쭉니 B에 의해
받침대는 위로 움직인다. 복귀정지 깔쭉니 C가 이와 맞물려서
받침대가 내려가는 것을 막고 있다. 핸들 A의 상하운동에 따
라, 받침대는 간헐적으로 상승한다. 이 기구는 잭(Jack)에 이용
되고 있다.

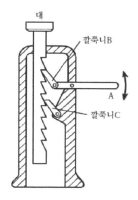

〈그림 2-36〉 핸들 A를 상하로 움직이면 받침대는 간헐운동을 하여
위로 올라간다

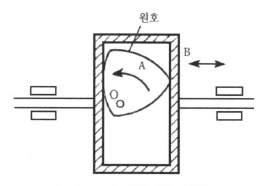

〈그림 2-37〉 캠에 의한 간헐운동

또 '캠'을 이용한 간헐운동도 있다(그림 2-37). 일부가 원호(圓
弧)로 만들어진 캠 A가 O를 중심으로 해서 회전하면, 원호가
B의 수직면에 접촉해 있는 동안에 B는 정지하고 있다. 따라서
A의 회전에 의해서 B는 간헐운동을 하게 된다.

〈그림 2-38〉은 링크장치를 이용한 운동이다. 크랭크의 회전

64

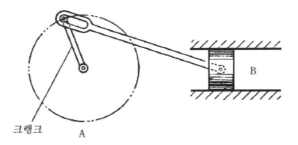

〈그림 2-38〉 슬라이더 크랭크 기구에 의한 간헐운동

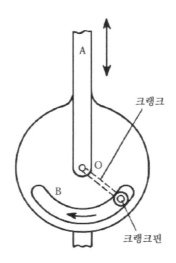

〈그림 2-39〉 크랭크핀은 O를 중심으로 회전한다. A는 상하운동을 하지만
크랭크핀이 홈 B의 속을 운동하는 동안 A는 정지한다

에 따라 슬라이더 B는 좌우 끝에서 잠시 정지한다. 또 상하운
동을 하는 로드 A의 중간에 원형 부분을 두고, 그 일부에 홈
B를 새겨둔다(그림 2-39). 크랭크핀이 O를 중심으로 회전하면
로드 A는 상하로 움직이나, 로드 하단에 왔을 때 핀은 홈 속을

움직여 가서 그 끝에 올 때까지 로드는 움직이지 않는다. 이 메커니즘은 재봉틀 같은 것에서 흔히 응용되고 있다.

제네바 스톱

한 개의 축이 연속적으로 회전하고 있을 때, 다른 축을 간헐적으로 회전시키는 장치를 일반적으로 '제네바 스톱'이라고 한다.

시계의 태엽을 감는 장치에 처음으로 사용되었으므로 시계의 제조지인 스위스 제네바의 이름을 따서 이렇게 불린다는 것은 앞에서 말했다. 그 이후 시계뿐만 아니라 간헐운동이 필요한 다른 곳에서도 널리 이용되고 있다.

기계를 움직이게 하는 동력원으로서 가장 많이 사용되고 있는 것은 모터이다. 모터는 대형에서 소형까지 다종다양하며, 일정한 동력을 뽑아내는 성능도 좋아서 그 이용 범위가 넓다. 따라서 모터의 회전운동을 바탕으로 해서 여러 가지 운동을 시켜 목적을 달성하는 메커니즘은 실용상 매우 중요하다. 다음에 말하는 치차를 이용한 간헐운동도 그것의 하나이다.

보통의 치차는 원둘레 전역에 걸쳐, 같은 형태의 이로 되어 있는데, 이 이의 형태를 여러 가지 모양으로 바꾸고, 또 원둘레 전부가 아닌 그 일부분에만 이를 새기는 식으로 하면, 한쪽 바퀴의 회전운동을 균일회전이 아닌 여러 가지의 다른 회전으로서 전달할 수가 있다.

한쪽 회전은 연속회전이고 이것과 맞물고 있는 상대 쪽 바퀴는, 때로는 멈췄다가 움직였다 하게 할 수가 있다. 이런 동작을 하는 치차도 '제네바 스톱'이라고 불린다.

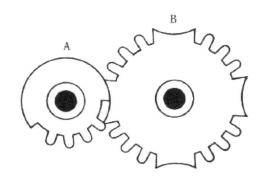

〈그림 2-40〉 A의 1회전에 의해 B는 1/4 회전한다

지금, 원둘레에 이를 네 개 새긴 치차 (A)에, 세 개의 이를 같은 간격으로 네 곳에 새긴 치차 (B)와 맞물리고, 네 이를 가진 치차 A를 일정한 회전으로 돌렸다고 하자(그림 2-40). 치차 (B)는 이가 맞물렸을 때만 회전하고, 이가 없는 부분에 접촉했을 때는 회전하지 않는다. 따라서 A가 1회전 하면 B는 4분의 1만 회전하고, 그다음에는 잠시 정지해 있다. 다음에 A의 이가 B와 맞물렸을 때 또 4분의 1을 회전한다. A는 연속적으로 회전하고 있지만, B는 간헐적으로 4분의 1씩 회전하게 된다.

이의 수와 형태를 여러 가지로 만드는 데 따라서 각종 간헐운동을 하게 할 수 있다. 〈그림 2-41〉에서는 A 위에 있는 돌기(突起) C가 B의 원둘레에 파놓은 홈에 끼어들어 B를 움직이게 하는 것으로, A의 1회전으로 B는 6분의 1을 회전하게 되어 있다.

〈그림 2-42〉에서는 A의 크랭크 위의 돌기 C가 B에 패어 있는 홈 속을 통과해서 B를 회전시키게 되어 있다. 이때 A의 1회전이 B를 3분의 1 회전하게 한다. B에 파인 홈을 늘리면 간

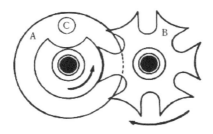

〈그림 2-41〉A의 크랭크의 1회전에 의해 B는 1/6 회전한다

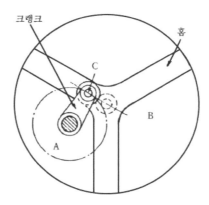

〈그림 2-42〉A의 크랭크의 1회전에 의해 B는 1/3 회전한다

혈운동의 종류를 마음대로 할 수 있게 된다.

〈그림 2-43〉은 축이 서로 직각일 때 간헐운동의 기구이다. 원판 A의 일부 C가 원판면보다 밖으로 튀어나와 있으므로 A가 회전하고, C의 부분이 치차 B 이의 자리에 왔을 때, 치차 B를 이 하나만큼 움직이게 한다. C가 B의 이 사이를 통과한 뒤에는 A의 판판한 부분이 B의 이 사이를 통과하므로, B는 움직이지 않는다. A가 회전하고 C가 다시 B의 이에 왔을 때, 또 B를

68

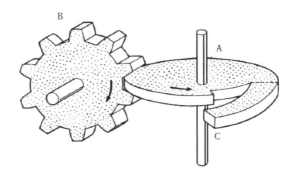

〈그림 2-43〉 일부분에 돌기된 차 A를 회전하면 B는 간헐적으로 움직인다.
위 그림은 축이 상호 직각일 때

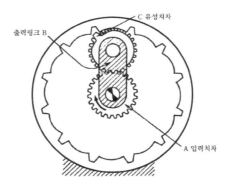

〈그림 2-44〉 입력치차 A가 회전하여 유성치차 돌기 C가 외측의 내부 홈과
맞물렸을 때만 출력 링크 B는 움직인다

이 하나만큼 움직이게 한다. 따라서 A의 연속회전에 의해서 B
가 간헐적으로 움직이는 것이다.

〈그림 2-44〉에 본 것은 유성치차를 사용해서 간헐운동을 하
게 하는 장치이다. 바깥쪽의 내부치차와 치차 A와는 같은 축에
있는 치차이다. 치차 A의 주위를 회전하는 유성치차의 축이 A

의 축과 링크 B에 의해서 연결되어 있다. 유성치차에는 돌기 C가 하나 있어서, 이 돌기 C가 바깥쪽의 내부치차와 맞물리게 되어 있다. 치차 A가 우회전하면 유성치차는 좌회전하고, 그 돌기 C가 바깥쪽의 내부치차와 맞물렸을 때만, 링크 B는 오른쪽 방향으로 움직인다. 따라서 입력치차의 연속 우회전에 의해서 링크 B는 오른쪽 간헐운동을 한다.

E. 방향 전환

운동의 방향을 바꾼다

한쪽 축에서 다른 축으로 회전을 전달하고 싶을 때, 두 축의 축선(軸線)이 일치하지 않았을 때는 어떻게 하면 될까? 그런 경우에는 특수한 궁리가 필요하다.

〈그림 2-45〉에서 보인 것은 '유니버설 조인트(Universal Joint)'라고 하는 것으로서, 두 축의 축선이 어느 각도를 가졌을 때 사용한다. 두 축의 양 끝에 포크(Fork)를 부착하고, 포크를 포함한 면이 서로 직각이 되게 하여 포크의 선단을 십자형 막대로 연결한 것이다. 축 A가 회전하면 십자형 막대가 회전해서 축 B에 회전을 전달한다. 다만 이때 축 A의 등속회전을 축 B에 전달할 수는 없다. A가 등속회전을 했을 때, B는 부등속회전을 한다.

만일 등속회전을 전달하고 싶을 때는 이 유니버설 조인트를 두 개 사용하면 된다(그림 2-45). A가 등속회전을 하면 중간의 축은 부등속회전이지만, 다른 한쪽의 유니버설 조인트로 B에는 등속회전이 전달된다.

두 축의 축선은 일치하지 않지만 평행일 경우에는 크랭크를 사용한 〈그림 2-46〉과 같은 장치를 생각할 수 있다. 이 경우도 A가 등속회전을 해도, B는 부등속회전이다. 이 장치로는 그다지 큰 힘을 전달할 수는 없으나, 영국인 올담이 발명한 '올담 이음'(그림 2-47)은 평행한 두 축이 조금 떨어져 있을 때 사용되며, 꽤 큰 힘이 전달되는 것으로서 실용화되어 있다. 두 축을

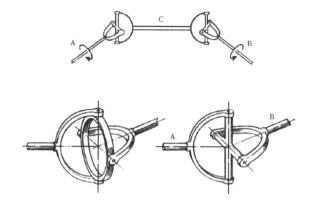

〈그림 2-45〉 유니버설 조인트. A의 회전운동이 B에 전달된다

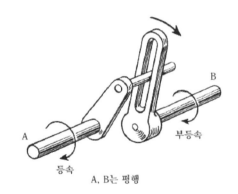

〈그림 2-46〉 두 축이 평행일 때. 크랭크에 의해 회전운동을 전달한다

연결할 때, 두 축의 축선을 완전하게 일치시키는 것은 실제로
는 곤란한 경우가 많으나 '올담 이음'을 사용하면 두 축이 다소
벗어나도 지장이 없다. 그 구조는 다음과 같다.

　두 축 끝에 홈을 판 원판을 부착하고, 그 홈이 서로 직각이
되게 한다. 이 원판 사이에 다른 원판 c를 넣은 것인데, 원판

72

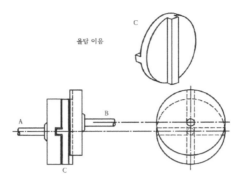

〈그림 2-47〉 A의 회전은 중간의 십자형 돌기가 붙은 차 C를 거쳐 B에 전달
된다

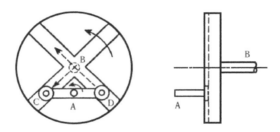

〈그림 2-48〉 트럼멜 기어. 축 A가 1회전하면 C와 D가 B의 홈 속을 움직
이고 B를 2회전시킨다

c의 겉과 뒷면에 축의 원판의 홈에 들어갈 수 있는 서로 직각
인 돌근(突筋)이 붙어 있다. 축 A의 등속회전에 의해 축 B도 등
속회전을 한다.

〈그림 2-48〉에 보인 '트럼멜 기어'는 축 A의 등속 2회전이
축 B의 등속 1회전으로 되는 것이다. B의 끝 원판에는 축의
중심을 통과하는 서로 직교되는 홈이 붙어 있다. 축 A에는 크
랭크 CAD가 붙어 있고, 그 양 끝에 굴림쇠가 있어서, 이것이

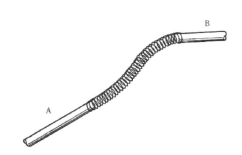

〈그림 2-49〉 스프링으로 A의 회전을 B에 전달한다

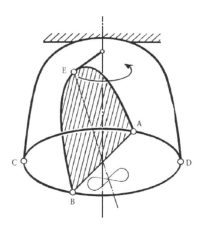

〈그림 2-50〉 천장에 장치한 선풍기를 회전시키는 메커니즘. A, B, C, D는
핀결합, E를 수직축의 주위에 회전시키면 선풍기는 위치를 바꾸
어 원운동을 한다

원판의 홈에 들어가서 움직이게 되어 있다. 축간거리 AB와
AD, AC의 거리는 같게 되어 있다.

두 축을 빽빽하게 감은 스프링으로 연결하면 A의 등속회전을
축 B에 전달할 수 있다. 이때에는 두 축의 관계 위치는 스프링
에 무리가 오지 않는 범위에서 어느 곳이라도 좋다는 편리한

점이 있다. 자동차 엔진의 회전을 운전석 전면에 있는 회전계
에 전달하는 것 등에 이용되고 있다.

천장에 장치한 선풍기의 회전운동도 유니버설 조인트의 원리
를 응용한 것이다.

3. 힘을 확대하는 이야기

지렛대의 응용

지렛대는 기계의 각 부분에 매우 많이 쓰이고 있다. 작은 힘으로 큰 힘을 내는 가장 간단한 장치이다.

막대 하나를 지점에서 떠받치고, 한쪽 끝을 무거운 물체 밑에 찔러 넣어, 다른 한쪽에 힘을 주었을 경우 지지점에서의 거리를 〈그림 3-1〉의 왼편 위와 같이 a, b라 하면, 지렛대의 원리는 $P \cdot a = Q \cdot b$로 나타난다. 즉 a를 b의 10배로 한다면, P의 힘이 10배의 힘으로 얻어진다. 즉 $Q = 10 \cdot P$가 된다는 이유에서 인력으로 무거운 것을 움직이려고 할 때, 지렛대가 자주 이용된다.

원통에 로프를 감아서, 어떤 물체를 감아올리는 장치도 지렛대의 응용이다. 로프로 감은 허리축에 커다란 치차를 고정시켜, 이것과 작은 치차를 서로 물려서 작은 치차를 회전시킨다. 그러면 허리에 감은 로프가 감겨 올라가는데, 이 경우도 $P \cdot a = Q \cdot b$라는 관계가 있으므로, 만약 a를 b의 10배의 길이로 하면, $C = 10 \cdot P$가 되어 P의 힘이 10배의 힘을 얻을 수 있다. 이것을 '축바퀴'라고 한다.

지렛대를 응용한 일상적인 연장은 여러 가지가 있다. 가위도 지렛대의 응용이다. 못뽑이, 장도리, 집게, 펜치도 모두 마찬가지다.

나사에 숨겨진 힘

나사는 두 부분을 죄어 떨어지지 않게 할 때나, 운동을 전달할 때, 무거운 것을 들어 올릴 때 등 기계의 각 부분에 여러모로 쓰이고 있다.

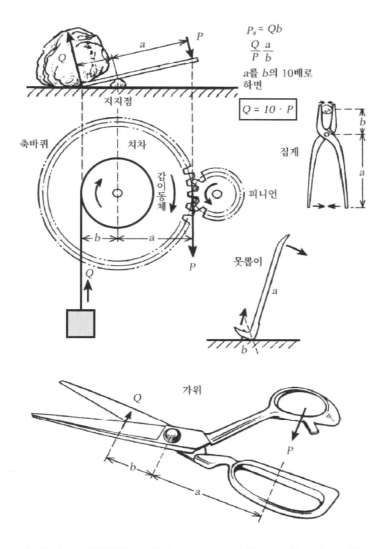

〈그림 3-1〉지렛대와 그 응용. P·a=Q·b이므로 a를 b의 10배로
하면 힘 Q는 힘 P의 10배가 된다

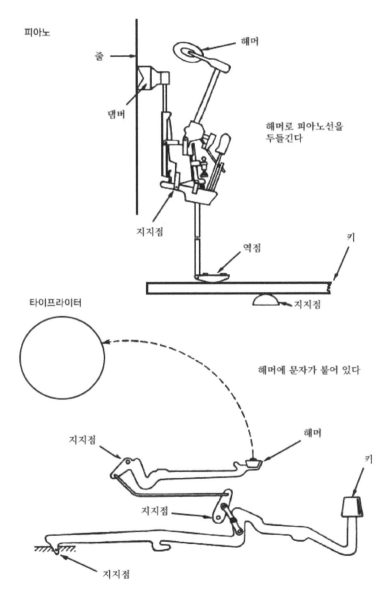

피아노

줄

댐버

해머

해머로 피아노선을
두들긴다

지지점

역점

키

지지점

타이프라이터

해머에 문자가 붙어 있다

지지점

해머

키

지지점

지지점

〈그림 3-2〉 지렛대의 응용 예

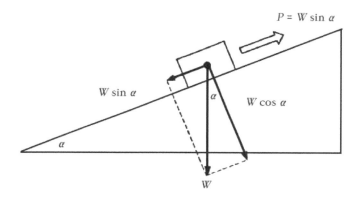

〈그림 3-3〉 빗면. 각 a=0.2라디안(약 12°)이라 하면 Wsinα=Wα=0.2W,
즉 W 것을 빗면을 따라 끌어 올리는 힘은 W의 5분의 1이 된다

나사는 '빗면'의 응용이다. 수평면과 각 α를 이루는 경사진
면을 생각해 보자. 이 빗면에 무게, W의 물건이 실렸다고 한다
면, 이 무게 W의 것을 빗면을 따라서 끌어 올리자면 얼마만
한 힘이 필요할까? 초등 역학의 지식이 있으면 이쯤은 쉽게 알
수 있다. W를 빗면에 따른 힘과 빗면에 수직인 힘으로 분해해
보면 〈그림 3-3〉처럼 된다. 따라서 빗면을 따라서 끌어 올리는
힘은, W에 sinα가 걸려 있는 것이 된다. sinC는 늘 1보다 작
으므로 빗면을 좇아서 끌어 올리는 힘은, W보다 작다. 즉 빗면
을 사용하면 무거운 것을 그보다 작은 힘으로 끌어 올릴 수 있
다. 다만 이 경우 빗면과 무게 W의 물체와의 사이에 마찰력은
없는 것으로 했다. 실제에는 마찰이 있으므로 W에 sinα를 걸
은 것보다 약간 큰 힘으로 끌어당기지 않으면 안 된다.
우리가 산에 오를 때 혹은 자전거를 타고 언덕길을 오를 때,
똑바로 걷지 않고 지그재그로 올라가는 것이 힘이 적게 든다.

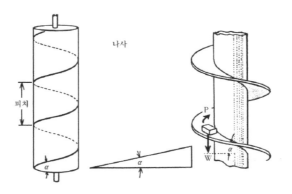

〈그림 3-4〉 나사는 빗면의 응용이다

이것은 누구나 경험했을 것이다. 빗면을 오를 때, 빗면의 경사각 α가 작을수록 오르기 쉽기 때문이다.

삼각형 종이를 원통에다 감아 붙이면 그 빗변은 원통 위에서 나선꼴을 그린다. 이 나선을 따라서 홈을 파면 나사가 만들어진다. 홈을 팠을 때의 가장 바깥쪽이 마루이고 안쪽이 골이다. 이것을 수나사라고 한다. 수나사의 마루와 골에 꼭 들어맞게 원통 안쪽에 나선의 홈을 판 것이 암나사이며, 수나사와 암나사는 짝으로 되어 있는 것이 보통이다. 마루와 이웃 마루와의 거리를 '피치(Pich)'라고 한다. 나사를 1회전 하면 나사의 축 방향으로 1피치만 나아간다.

나사도 빗면과 같으므로 축 방향의 큰 힘에 대해서 작은 힘으로 나사를 돌릴 수 있다. 즉 나사를 돌리면 축 방향으로 큰 힘을 낼 수 있다. 잭으로 무거운 자동차를 들어 올릴 수 있는 것은 이 때문이다. 색은 커다란 건물을 통째로 들어 올리기도 한다. 건물을 이동하는 데에 실제로 사용되고 있다.

쐐기도 빗면의 이용이다. 커다란 나무를 쪼갤 때, 틈새에 쐐

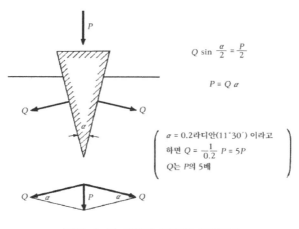

$$Q \sin \frac{\alpha}{2} = \frac{P}{2}$$

$$P = Q\,\alpha$$

$\Bigg($ α = 0.2라디안(11°30′) 이라고
하면 $Q = \frac{1}{0.2} P = 5P$
Q는 P의 5배 $\Bigg)$

〈그림 3-5〉 쐐기도 빗면의 응용이다

기를 박아 넣고 그것을 두들겨서 나무를 쪼갤 때 사용된다. 그
때 쐐기를 두들기는 힘을 P라 하고, 쐐기의 비스듬한 면에 수
직인 힘 Q가 작용했다고 하자. 쐐기를 밑으로 내리박아 나무에
틈이 가게 하려 할 때, 아래로 누르는 힘 P는 쐐기의 두 비스
듬한 면에서, 나무를 좌우로 누르는 두 개의 같은 크기의 힘으
로 갈라진다. 두 크기의 힘 Q를 변으로 하는 평행사변형을 그
려보면, 상하의 대각선 길이가 밑으로 누르는 힘 P가 된다.

이 평행사변형의 좌우의 각은 쐐기의 꼭지각 α와 같다. 따라
서 α가 60°보다 작을 때, Q는 P보다 커진다. 쐐기의 꼭지각
α가 작을수록 Q가 커지므로 조그마한 힘으로도 나무를 쪼갤
수 있는 것이다. 나사는 나선 모양의 쐐기라고도 할 수 있다.

수나사나 암나사 중 어느 하나를 고정시키고, 다른 고정하지
않은 나사를 돌리면 나사는 축 방향으로 직선운동을 한다. 따
라서 나사를 사용해서 회전운동을 직선운동으로 바꿀 수 있다.

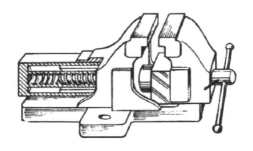

〈그림 3-6〉 바이스

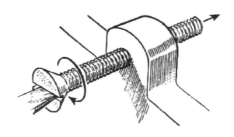

〈그림 3-7〉 나사를 회전시키면 나사는 축 방향으로 직선운동을 한다

그러나 이 경우 그 반대, 즉 직선운동을 회전운동으로 바꿀 수는 없다.

바이스(Vice)는 나사를 회전해서 그것과 물려 있는 턱(Craw)을 직선으로 움직여 물건을 집게 되어 있다.

나사를 써서 회전운동을 직선운동으로 바꾸는 장치는 매우 많다. 카메라로 촬영을 할 때, 초점을 맞추기 위해 렌즈를 앞뒤로 움직이는데, 이것도 나사에 의해서 렌즈에 직선운동을 시키고 있다. 수도꼭지도 핸들을 돌림으로써 밸브에 직선운동을 시켜 물길을 트게 되어 있다.

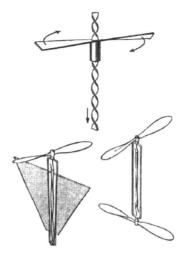

〈그림 3-8〉 도르래도 나사의 응용

도르래의 발상

얄팍한 금속판을 비틀어 나사를 만들고, 같은 얄팍한 판으로 만든 프로펠러 중앙에, 가늘고 기다란 구멍을 뚫어 나사를 꽂아 넣고, 수나사를 돌리지 않고 재빨리 아래로 잡아당기면, 프로펠러가 회전하며 수나사를 벗어난 뒤 하늘 높이 날아오른다. 이것도 나사를 이용한 것이다.

도르래는 여러 가지 형이 있다. 고무줄을 동력으로 쓰는 도르래는 허리 부분이 프로펠러와 반대 방향으로 회전하는 것을 막기 위해 얇은 비닐로 막을 쳤다. 이 도르래는 프로펠러를 아래에 달아도 나는 재미가 있다.

이것을 힌트로 해서 다시 프로펠러를 위아래에 두 개를 달고, 고무줄로 서로 반대 방향으로 회전시켜 날게 하는 도르래도 생각할 수 있다.

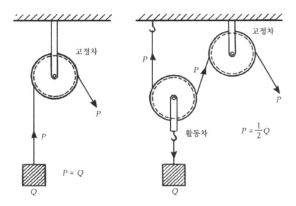

〈그림 3-9〉 고정차와 활동차

활차의 이점

활차, 그것은 바퀴에다 밧줄을 걸어서 무거운 것을 들어 올리는 목적에 쓰인다. 지금도 우물물을 양동이로 끌어 올리는데 이것을 쓰기도 한다.

이 경우, 활차가 하나이므로 양동이의 무게와 속에 담긴 물의 무게를 합한 힘으로 끌어 올리지 않으면 안 된다. 따라서 힘의 절약은 안 되지만 끌어 올리는 힘의 방향을 바꿀 수 있다는 이점이 있다. 활차의 축은 고정되어 있으므로 이것을 '고정차'라고 한다.

다음으로 활차의 축을 고정하지 않은 활동차와 축을 고정한 고정차를 조합하면(그림 3-9) 들어 올리려는 물건의 중량을 절반의 힘으로 끌어 올릴 수 있다. 또 힘의 방향도 바꿀 수 있다.

활동차 세 개와 고정차 한 개를 조합하면(그림 3-10) 힘은 들어 올리려는 것의 8분의 1로도 충분하다. 같은 축의 고정차 세 개와 같은 축의 활동차 세 개에 밧줄을 걸었을 때(그림 3-10)의

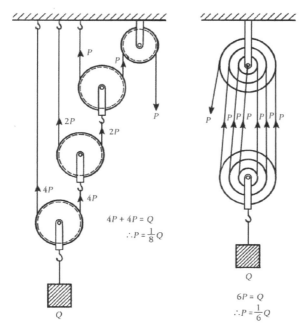

$$4P + 4P = Q$$
$$\therefore P = \frac{1}{8}Q$$

$$6P = Q$$
$$\therefore P = \frac{1}{6}Q$$

〈그림 3-10〉 활차를 몇 개 연결하면 작은 힘으로 큰 힘을 낼 수 있다

힘은 6분의 1이 되듯이 활차를 잘만 조합하면 무거운 것을 작은 힘으로 들어 올릴 수가 있다.

활차의 발견은 인간이 중력과의 투쟁에서 얻은 빛나는 성과 중 하나이다.

토글 조인트란?

토글 조인트(Toggle Joint)니 토글 스위치니 하는 말은 가끔 쓰인다. 이것은 '배력장치'라고도 한다. 이것은 큰 힘을 내는 장치로서 철판 같은 것을 성형, 절단하는 프레스나 구멍을 뚫

86

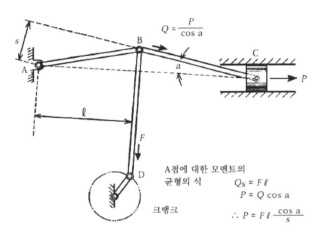

〈그림 3-11〉 토글 조인트의 원리. A, B, C가 일직선이 되었을 때
C에 큰 힘 P가 생긴다

을 때 사용하는 보조 용구인 지그(Jig) 같은 것을 조여 붙이는
데 사용되고 있다.

〈그림 3-11〉의 AB, BC의 두 링크가 일직선이 되게 힘 F를
가했다고 하자. 이때 C 끝은 오른쪽으로 약간 움직이지만, C의
오른쪽으로 작용하는 힘 P는 F에 비해서 꽤 큰 힘이 되므로,
이 C 끝에 뚫어내기 펀치를 장치하면 철판을 뚫을 수 있게 된
다. 실제의 기계에서는 B를 회전운동을 하는 크랭크로 움직이
고 있다. 크랭크가 회전하면 B는 왕복운동을 한다. B의 운동에
의해서 슬라이더 C는 좌우로 움직인다. 〈그림 3-11〉에 보인
C의 위치에서 작용하는 힘 P의 식에서 ℓ 은 거의 변하지 않는
대체로 일정한 값이다. B가 움직여서 AB와 BC가 일직선에 접
근함에 따라 링크 BC에서 A점까지의 거리 s가 작아진다. 또
BC와 AC를 사이에 둔 각 α도 동시에 작아진다. α가 작아지면

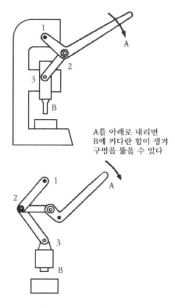

A를 아래로 내리면
B에 커다란 힘이 생겨
구멍을 뚫을 수 있다

〈그림 3-12〉 토글 조인트의 예

$\cos\alpha$는 커진다. 따라서 F에 걸리는 $\frac{\cos\alpha}{s}$는 큰 값이 된다. S
가 작아져서 거의 0이 되는 부근에서 P는 매우 큰 힘이 된다.

금속판에 구멍을 뚫으려 할 때나 큰 힘으로 압착하려 할 때
사용되는 '토글 조인트 프레스'는 힘을 확대하는 간단한 장치이
다. '< 모양'을 한 지렛대 A에 링크 2, 3을 장치하고, B는 상
하로 움직이게 되어 있다. A를 아래로 누르고 1, 2, 3이 일직
선상이 될 때, B의 끝에 아주 큰 힘이 나오게 고안되어 있다.

4. 속도를 바꾸는 기술

치차의 조합

두 개의 원판을 서로 강하게 접촉시켜 한쪽 원판을 회전시키면, 그 회전을 다른 한쪽 원판에 전달할 수가 있다.

이것은 회전운동을 전달하는 가장 간단한 방법이다. 그러나 이 방법으로는 그다지 큰 힘을 전달하기 어렵다. 두 바퀴의 접촉면에서 미끄러지기 때문이다. 그래서 미끄러지지 않게 들쭉날쭉하게 이를 붙인 것이 바로 치차라 하겠다. 이렇게 하면 회전이 확실하게 전달된다.

가장 보편적으로 사용되는 것은 '평치차'이다. 즉 평행하는 두 축 사이의 운동의 전달에 사용되는데, 이때 두 축의 회전은 반대로 된다. 그러나 원통 내면에 이가 붙어 있는 '내치차'는 두 축의 회전이 같은 방향이다. 한쪽 치차의 반지름이 무한대로 된 것, 즉 직선 상태로 된 랙과 작은 치차 피니언은 회전운동과 직선운동을 하는 것으로서 그 응용 범위가 넓다.

두 축이 직각 방향으로 되어 있는 것은 '베벨 기어(Bevel Gear)'이며, 두 축이 직각이고 한쪽 치차가 애벌레 모양으로 된 '웜 기어(Worn Gear)'는 웜에서 웜 휠(Worm Wheel) 쪽으로만 회전이 전달되며, 그 반대로는 안 된다.

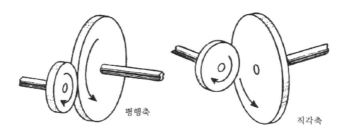

〈그림 4-1〉 원판의 접촉에 의한 회전의 전달

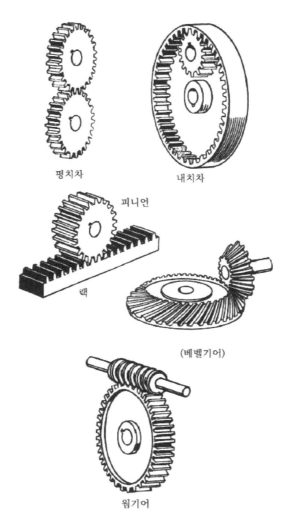

평치차

내치차

피니언

랙

(베벨기어)

웜기어

〈그림 4-2〉 여러 가지 치차

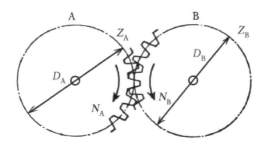

	회전수	지름	톱니수
치차 A	N_A	D_A	Z_A
치차 B	N_B	D_B	Z_B

$$속도비\ i = \frac{N_B}{N_A} = \frac{D_A}{D_B} = \frac{Z_A}{Z_B}$$

〈그림 4-3〉 속도비

몇 개의 치차를 연결한 것을 '치차열'이라고 하는데, 회전수의 증감, 회전속도의 변환 등으로 응용 범위가 지극히 넓다.

속도비의 계산

두 치차 A, B를 맞물렸을 때 만약 모두 똑같은 치차라고 한다면 A의 회전수와 B의 회전수는 같으며, 다만 회전 방향이 반대로 될 뿐이다.

다음에 B의 지름이 A의 지름의 절반이 되었다고 하면, A가 1회전 하면 B는 2회전한다. 즉 회전수와 지름과는 반비례한다.

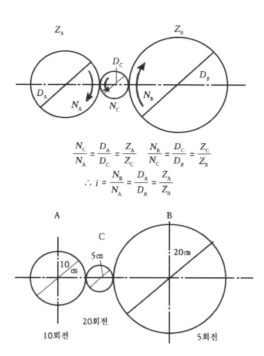

$$\frac{N_C}{N_A} = \frac{D_A}{D_C} = \frac{Z_A}{Z_C} \quad \frac{N_B}{N_C} = \frac{D_C}{D_B} = \frac{Z_C}{Z_B}$$

$$\therefore \; i = \frac{N_B}{N_A} = \frac{D_A}{D_B} = \frac{Z_A}{Z_B}$$

〈그림 4-4〉 지름 10㎝의 치차의 10회전은 중간치차 C를 거쳐 지름 20㎝
치차를 5회전시킨다

또 이의 수는 지름에 비례하므로 A의 이의 수의 절반이 B의
이의 수가 된다.

이 두 치차 A, B 사이에 또 하나의 치차 C를 넣었다고 하
자. 가령 A의 치차의 지름을 10㎝로 하고, C의 치차의 지름은
그 절반인 5㎝로 한다면, A가 10회전 하면 C는 20회전을 한
다. B의 치차의 지름을 20㎝로 하면, C가 20회전을 하면 B는
5회전 한다. 그리고 A와 B의 회전 방향은 같다.

지름 10㎝의 치차 A와 지름 20㎝의 치차 B를 직접 맞물렸

94

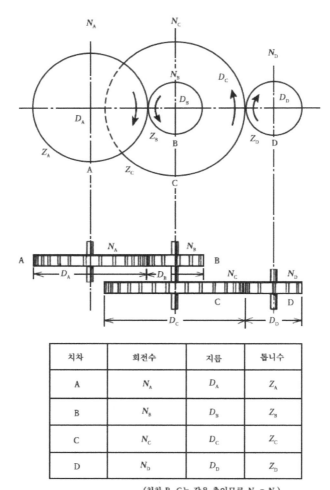

치차	회전수	지름	톱니수
A	N_A	D_A	Z_A
B	N_B	D_B	Z_B
C	N_C	D_C	Z_C
D	N_D	D_D	Z_D

(치차 B, C는 같은 축이므로 $N_B = N_C$)

〈그림 4-5〉치차열

〈치차열의 회전수의 계산〉

치차 A, B로,

$$속도비 = \frac{N_B}{N_A} = \frac{D_A}{D_B} = \frac{Z_A}{Z_B}$$

치차 C, D로,

$$속도비 = \frac{N_D}{N_C} = \frac{D_C}{D_D} = \frac{Z_C}{Z_D}$$

치차 B와 치차 C와는 같은 축이므로,

$$N_B = N_C$$

따라서, $\dfrac{N_B}{N_A} \cdot \dfrac{N_D}{N_C} = \dfrac{N_D}{N_A}$

$$\therefore \frac{N_D}{N_A} = \frac{D_A}{D_B} \cdot \frac{D_C}{D_D} = \frac{Z_A}{Z_B} \cdot \frac{Z_C}{Z_D}$$

$$\frac{최후의\ 치차회전수}{최초의\ 치차회전수} = \frac{각\ 1조의\ 회전시키고자\ 하는\ 치차의\ 톱니수의\ 곱}{각\ 1조의\ 회전당하는\ 치차의\ 톱니수의\ 곱}$$

가령, $D_A = 10\text{cm},$ $Z_A = 20$

$D_B = 5\text{cm},$ $Z_B = 10$

$D_C = 20\text{cm},$ $Z_C = 40$

$D_D = 2\text{cm},$ $Z_D = 4$

라 하면, $\dfrac{N_D}{N_A} = \dfrac{20 \times 40}{10 \times 4} = 20$

$$\therefore N_D = 20\,N_A$$

치차 D의 회전수는 치차 A의 회전수의 20배가 된다.

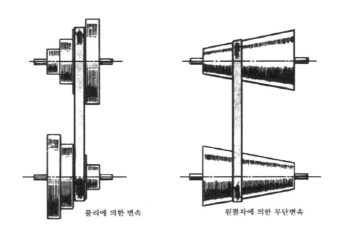

풀리에 의한 변속   원뿔차에 의한 무단변속

〈그림 4-6〉 풀리에 의한 변속장치

다고 하면 A의 10회전에 대해서 B는 5회전이 되고, 중간에 치차 C가 들어갔을 때도, A의 10회전에 대해서 B는 5회전이다. 따라서 치차 C가 있으나 없으나 A와 B의 회전수의 관계는 같다. 다만 회전 방향은 C가 들어가지 않을 때와 들어갔을 때와는 달라지게 된다.

치차열은 치차를 몇 개 조합해서 회전속도를 바꾸거나 회전수를 바꾸거나 하는 편리한 장치이다.

변속장치

기계를 움직이는 데는 힘을 만들어 내는 원천인 동력이 필요하다.

현재 가장 편리한 동력으로서 모터가 사용되고 있다. 보통 사용되고 있는 모터의 회전은 그 속도를 간단히 바꿀 수가 없다. 일정한 속도로 돌고 있는 것에서 다른 여러 가지 속도를

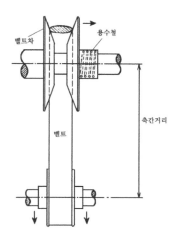

〈그림 4-7〉 V벨트에 의한 변속장치. 벨트차는 용수철로 언제나 닫히게 힘이
주어져 있다. 축간거리를 멀리하면 벨트는 차의 중심 가까이 오며,
축간거리를 가까이 하면 벨트는 벨트차의 바깥쪽으로 움직인다

필요로 할 경우가 많을 때는 곤란하다. 이러한 목적에서 '변속
장치'라는 것을 생각하게 되었다.

지름이 다른 풀리(Pulley)를 몇 개 배열해서 벨트를 바꿔 걸거
나, 치차의 조합을 바꾸어 가며 속도를 바꾸는 장치가 만들어져
서 사용되어 왔다. 그러나 이 경우에는 벨트를 바꿔 걸거나 치
차의 물림을 바꾸거나 하는 조작이 필요하며, 또 두 축 사이의
속도비를 연속적으로 바꿀 수도 없으므로 몹시 불편하다.

그래서 속도비를 연속적으로 바꿀 수 있는 무단변속장치가
몇 가지 고려되고 있다. 그 하나가 원뿔의 이용이다. 두 원뿔
풀리에 벨트를 걸어, 이 벨트를 이동함으로써 두 축 간의 속도
비를 연속적으로 바꿀 수가 있다. 아이디어는 좋았으나 이 방
법은 평(平)벨트의 파손이 심하기 때문에 현재는 거의 사용되지

않는다.

새로 고안된 것 중 하나가 고무의 V벨트를 사용한 무단 변속기이다. V벨트가 걸리는 벨트차는 중심에 가까운 쪽이 좁고, 바깥쪽으로 가면서 간격이 넓어진다. 이 간격은 그 넓이를 조절할 수 있게 벨트차의 한쪽이 용수철에 의해 늘 간격이 좁아지게 힘이 걸려 있다. 따라서 두 축의 거리를 가까이하면 V벨트는 벨트차의 바깥쪽에 걸리고, 멀리하면 V벨트는 벨트차의 중심 가까이에 걸리게 되어 있다. 축간거리를 적당히 조절함으로써 두 축의 속도를 연속적으로 바꿀 수 있는 셈이다. 그 밖에 또 어떤 교묘한 변속기를 생각할 수 있을까? 여러분도 주변의 것을 잘 관찰하면 재미있을 것이다.

캠

'캠(Cam)'은 운동을 전달하는 데 사용되지만, 링크장치나 치차로는 할 수 없는 특수한 운동의 전달에 편리하다.

운동을 전달하는 바탕이 되는 캠은 '원동절'이라고 하고, 전달받는 쪽을 '종동절'이라고 한다. 캠의 형태는 여러 가지가 있으며 일반적으로 종동절의 움직이는 궤적이 평면 내에 있는 것을 평면 캠, 평면 내에 있지 않는 것을 입체 캠이라 부른다.

평면 캠　여러 가지 윤곽의 판을 회전시켜 그 바깥 둘레에 따라서 종동절을 움직이는 것을 '판(板) 캠'이라고 한다. 원판의 중심을 처지게 한 것도 판 캠이다. 또 판면에 홈을 파고, 그 속에 굴림대를 넣어 판의 회전에 따라 굴림대의 운동을 이용한 캠을 '홈 캠'이라고 한다. 또 캠이 직선운동을 하는 것을 '직동 캠', 캠 쪽이 종동절로 되는 것을 '반대 캠'이라고 한다.

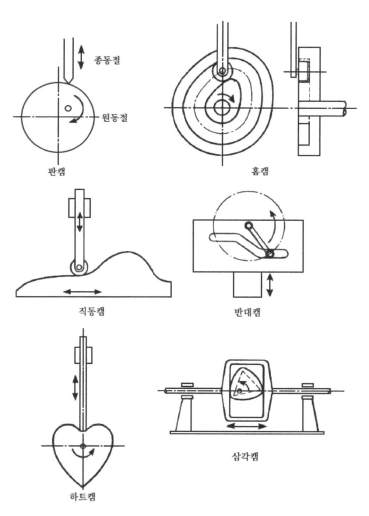

<그림 4-8〉 평면 캠

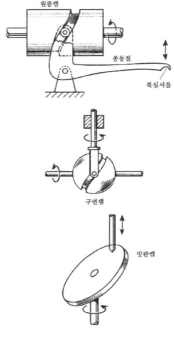

〈그림 4-9〉 입체 캠

　자동차의 엔진에서 밸브를 움직이게 하는 데에 판 캠이 사용
되고 있다(〈그림 2-6〉 참조). 또 옛날 수차의 축에 돌기를 붙여
수차가 돌아가면 그 돌기가 돌아서 절굿공이를 들어 올리는 장
치가 있었는데, 이것도 판 캠이다.

　판 캠의 일종으로 '하트 캠(Heart Cam)'이라는 것이 있는데,
이것은 종동절이 등속왕복 직선운동을 하는 캠이다. 하트 캠의
일부를 원호로 바꾸어 놓음으로써 종동절이 등속직선운동으로
상승해서, 어느 정도의 높이에서 일단 정지했다가 잠시 후 등
속직선운동으로 다시 하강하는 것 등의 이용 방법도 있다.

이와 같이 캠은 그 윤곽을 연구하는 데 따라서 여러모로 복잡한 운동을 종동절로 만들 수 있는 편리한 것이기도 하다. 따라서 자동적으로 움직이는 장치에는 여러 가지 형의 캠이 사용되고 있다.

입체 캠   원통이나 구(球)의 주위에 홈을 파고, 그 홈을 좇아서 종동절이 움직이게 한 것을 '원통 캠'이라 하며, 홈을 파는 방법에 따라서 복잡한 운동을 하게 할 수 있다.

가령 〈그림 4-9〉에서 본 원통 캠은 재봉틀의 북실 장치에 이용되고 있다. 원통 캠이 회전하면 그 홈을 따라 굴림대가 움직여 북실 셔틀(Shutle)을 움직이게 한다. 재봉틀로 천 바느질을 할 때, 실이 천을 통과할 때까지는 실을 느슨하게 풀어두고, 통과한 다음 재빨리 실을 팽팽히 잡아당겨 천을 튼튼하게 박아야 한다. 실을 풀었다 당겼다 하는 데는 셔틀을 천천히 움직였다, 빨리 움직였다 해야 한다. 그 때문에 원통 캠의 홈을 특수한 모양으로, 목적한 대로 운동을 종동절에 주게 한다. 이런 종류의 캠은 복잡한 운동을 하는 직물 제조기 등에 널리 응용되고 있다.

5. 힘을 저장하는 장치

힘을 저장하는 메커니즘

힘의 에너지를 저장하는 것으로 가장 많이 사용되고 있는 것이 용수철일 것이다.

오래전 수렵 시대에는 화살을 만들어 동물들을 포획했는데, 활은 힘의 에너지를 저장하는 단순하고도 최초의 연장이었다. 고대인은 어린 나무의 반발력을 이용했던 것이다. 그것이 발달해서 중세에는 직물 기계, 녹로, 제분기 등을 움직이는 데 탄력성이 있는 나무를 이용했다. 발로 페달을 밟아 기계를 움직이면 밧줄을 맨 나무막대의 탄력에 의해서 제자리로 되돌아가게 하는 운동을 궁리했다(〈그림 1-12〉 참조).

기원전 2세기쯤이 되자, 금속의 탄성을 이용해서 용수철을 만들기 시작했다. 처음으로 '판 용수철'을 만든 것은 물시계의 제작자로 유명한 알렉산드리아의 크테시비오스였다. 휘어진 청동판을 겹쳐서 용수철로 하여 투사장치를 만들었다. 또 그는 실린더 속에 봉입한 공기의 탄력성을 이용해서 기계를 움직이게 하는 것도 생각해 냈다.

금속판을 휘어서 용수철로 하는 것보다 코일 모양으로 감은 금속 스프링을 사용하는 것이 훨씬 큰 에너지를 저장할 수 있다는 것을 발견한 것은 15세기 무렵이 되어서였다. 코일 스프링에 힘의 에너지를 저장하여 그것을 동력으로 해서 바늘을 움직이게 하는 기계 시계가 1460년쯤에 만들어졌다.

코일 스프링을 폈다 오므렸다 해서 그것의 당기는 힘과 코일이 펴지는 양과의 관계를 정확하게 측정한 것은 17세기 후반, 영국의 로버트 훅(Robert Hook, 1635~1703)이다. 그의 공적 중 하나로서 '훅의 법칙'은 오늘날 아직도 기계의 설계에 사용

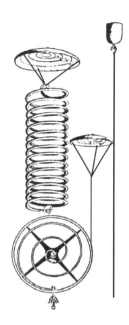

〈그림 5-1〉 로버트 훅은 코일 스프링을 펴는 실험을 하고 '훅의 법칙'을 발견
했다(17세기)

되고 있는 탄성 법칙의 발견이었다.

스프링에 저장하는 힘

스프링(용수철)은 금속 기타의 재료 자체가 갖는 탄성을 이용
한 것이다.

'탄성'이란 재료에 힘을 가하면 그 형태를 바꾸지만, 힘을 빼
면 원형으로 되돌아가는 성질을 말한다. 쇠막대기를 잡아당기
면 늘어나지만, 당기는 힘을 빼면 원형으로 되돌아간다. 다만
당기는 힘이 커서 늘어나는 양이 너무 커지면 힘을 뺀다 해도

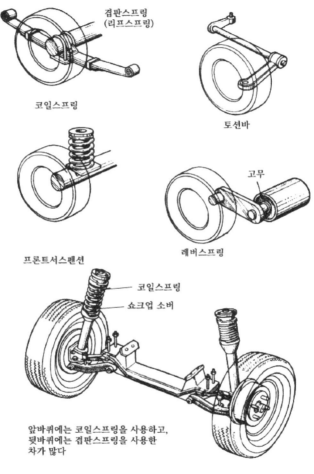

겹판스프링
(리프스프링)

코일스프링

토션바

고무

프론트서스펜션

레버스프링

코일스프링

쇼크업 소버

앞바퀴에는 코일스프링을 사용하고,
뒷바퀴에는 겹판스프링을 사용한
차가 많다

〈그림 5-2〉 자동차에 쓰이고 있는 여러 가지 스프링

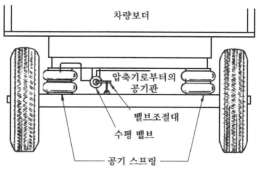

〈그림 5-3〉 공기 스프링

원상으로 완전히는 되돌아가지 않고 어느 정도 늘어난 상태에서 머문다. 이 경우를 영구변형이 일어났다고 하며, 영구변형을 일으키지 않는 최대의 힘(단위 면적당)을 탄성한도라고 부른다. 탄성한도가 높은 재료는 그만큼 탄성변형이 크다는 것이므로 스프링의 재료로서 조건이 좋은 셈이다.

　일반적으로 스프링에는 외력이 가해지면 변형하는데, 그 외력과 변형량과는 비례한다. 가령 스프링에 5kg의 힘이 가해졌을 때, 1mm가 늘어났다(수축했다)고 한다면, 10kg의 힘으로는 2mm가 늘어나는(수축하는) 것이다. 이 같은 일은 1675년에 영국의 물리학자 로버트 훅이 스프링으로 실험을 해서 외력과 변형량이 비례한다는 법칙을 처음으로 발견했다. 이것이 '훅의 법칙'이라 일컬어지며 우리와 친숙해진 것이다. 다만 외력이 너무 큰(혹은 변형량이 큰) 경우에는 이 법칙이 적용되지 않는 조건부 법칙이다.

　외력을 가해서 변형시키면 스프링에 에너지가 축적되고, 외

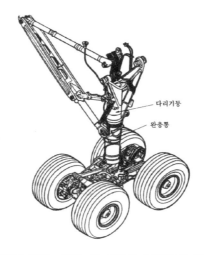

다리기둥

완충통

〈그림 5-4〉 비행기의 다리. 착륙 시 충격을 부드럽게 하기 위해 완충장치가
달려 있다

력을 제거했을 때 그 에너지를 방출한다. 스프링은 에너지의
저장용으로 사용된다. 시계의 태엽을 감아서 에너지를 저장하
고 그 에너지를 조금씩 사용해서 시계는 몇 시간이고 움직이는
것이다.

또 스프링은 충격을 부드럽게 하는 데도 사용된다. 그것은
충격의 에너지를 흡수하기 때문이다. 목적에 따라서 스프링은
여러 가지 형태로 만들어진다. 코일 모양으로 감은 코일 스프
링, 판자 모양의 판 스프링, 시계에 사용되는 나선 스프링 등
종류가 다양하며, 스프링의 별난 종류로는 공기의 성질을 이용
한 공기 스프링도 있다. 고무공과 같은 것인데 전동차나 버스
의 완충용으로 사용되고 있다.

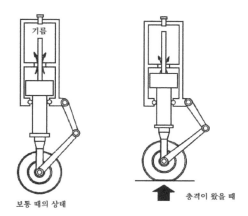

기름

보통 때의 상태

충격이 왔을 때

〈그림 5-5〉 비행기의 다리에 가해지는 충격을 부드럽게 하는 장치. 실린더
안의 기름이 작은 틈을 통해 충격을 완화해 준다

우리 주변에도 스프링을 사용한 것이 많이 있다. 시계의 태
엽, 도어체크, 도어 개폐 자물쇠, 초인종의 단추 등에 달려 있
는 스프링, 토스터나 전기밥솥에도 스프링이 있고, 종이에 구멍
을 뚫는 펀치나 종이 집게에도 스프링이 사용되고 있다. 그 밖
에도 스프링은 물건을 누르거나 집거나 할 뿐만 아니라 침대나
의자의 쿠션에도 사용되고 있다.

플라이휠의 발상

플라이휠(Flywheel)은 '탄성차'라고도 하며, 예로부터 여러 곳
에 사용되어 왔는데, 이것은 힘의 에너지를 저장하는 장치로
사용된다. 크고 무거운 원판을 그 중심의 둘레에 회전시켜, 어
느 정도 회전속도가 빨라졌을 때 바깥에서 가하고 있는 힘을
제거하면, 그런 뒤에도 얼마 동안은 자기 힘으로 회전을 계속
한다.

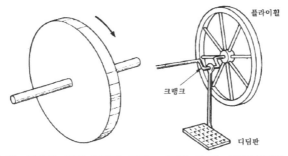

〈그림 5-6〉 무거운 회전 원판은 플라　　〈그림 5-7〉 발재봉틀이나 녹로에도
　　이휠의 역할을 한다　　　　　　　　　　플라이휠이 달려 있다

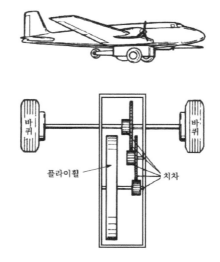

〈그림 5-8〉 장난감 비행기에도 플라이휠이 이용되고 있다

　　플라이휠의 형태는 여러 가지가 있으나 회전축에 장치되어
있는 것은 모두 플라이휠의 구실을 한다. 지금은 그다지 눈에
띄지 않는 발재봉틀이나, 발 선반에서는 디딤판에 붙어 있는 링
크로 크랭크를 돌린다. 크랭크축에는 커다란 바퀴가 달려 있어

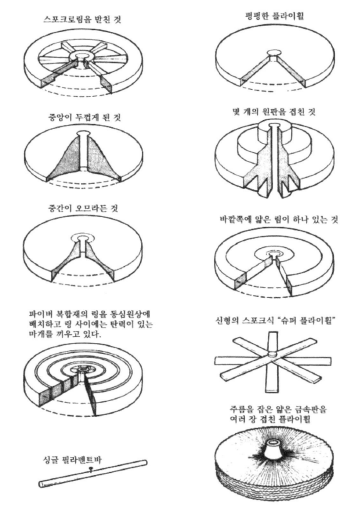

스포크로림을 받친 것

평평한 플라이휠

중앙이 두껍게 된 것

몇 개의 원판을 겹친 것

중간이 오므라든 것

바깥쪽에 얇은 림이 하나 있는 것

파이버 복합재의 링을 동심원상에
배치하고 링 사이에는 탄력이 있는
마개를 끼우고 있다.

신형의 스포크식 "슈퍼 플라이휠"

주름을 잡은 얇은 금속판을
여러 장 겹친 플라이휠

싱글 필라멘트바

〈그림 5-9〉 여러 가지 모양의 플라이휠

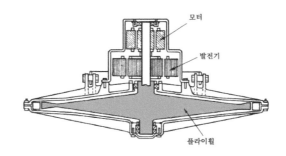

〈그림 5-10〉 모터로 플라이휠을 회전시켜 에너지를 저장해 둔다. 모터를 정지시키고 플라이휠의 힘으로 발전기를 회전시킨다

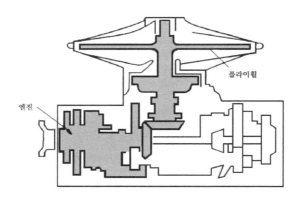

〈그림 5-11〉 엔진으로 플라이휠을 회전시킨 후 엔진을 정지시키고 그다음에는 플라이휠의 힘으로 자동차를 움직이게 한다

서 이 바퀴의 회전을 벨트에 의해 재봉틀이나 선반의 주축에 전달해서 작업을 하게 되어 있다. 크랭크축에 장치된 커다란 바퀴는 플라이휠의 역할을 하고 있다. 디딤판에서 힘을 주게 되는 것은 디딤판이 아래쪽으로 운동할 때뿐이다. 따라서 크랭크의 회전 중에 힘이 가해지는 것도 크랭크가 아래쪽으로 회전할 때뿐이다. 크랭크가 위쪽으로 운동할 때는 회전하는 플라이휠이

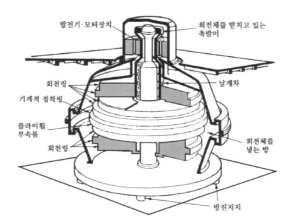

〈그림 5-12〉 발전소용 플라이휠로 고안되었던 것(실용화는 못 되고 있다)

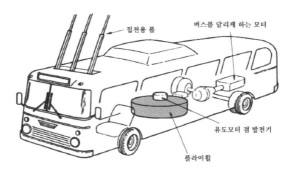

〈그림 5-13〉 스위스 에리콘사에서 개발한 플라이휠 버스(1954)

휠에 저장되어 있는 에너지에 의해 움직이고 있는 것이다.

증기기관이나 내연기관의 피스톤의 왕복운동을 회전운동으로 바꾸어 동력원으로 할 때는 회전축에 커다란 바퀴를 장치해서 플라이휠의 역할을 시키고 있다.

피스톤에 가해지는 힘은 늘 같지 않으므로 크랭크를 사용해서 회전운동으로 바꾸면 회전이 고르지 못하므로, 플라이휠에 저장된 에너지로 회전의 불규칙을 제거하고 있다. 〈그림 2-28〉에서 본 와트의 증기기관도 커다란 플라이휠이 달려 있다.

　장난감 자동차나 비행기 등에는 마루 위에 몇 번 꽉 눌러 돌린 다음, 손을 떼면 힘차게 달리는 것이 있는데, 이것은 모두 플라이휠을 사용하고 있다. 바닥에 차를 눌러서 돌렸을 때 몇 개의 치차를 거쳐 자동차 내부에 있는 플라이휠이 돌려져서 빠른 속도로 회전한다. 이때 손을 떼면 플라이휠에 저장되었던 에너지로 달리게 되는 것이다.

6. 운동을 조절하는 아이디어

브레이크의 고안

움직이고 있는 것을 멎게 하거나 일정한 운동을 하게 하는 것은 기계를 사용할 경우에 필요한 일이다.

기계를 움직이는 데는 '동력'이 필요하다. 모터니 내연기관, 증기기관, 수력터빈, 증기터빈 등은 큰 힘이 필요한 곳에 사용된다. 그러나 작은 힘으로도 되는 것, 가령 시계, 카메라 또는 움직이는 장난감 등에는 전지나 스프링이 사용되는 것이 보통이다.

동력 기계를 바탕으로 해서 기계가 움직이지만, 언제까지나 운동을 계속하는 것은 아니고, 때로는 정지시키고 혹은 운동 속도를 조절하거나 할 필요가 있다. 움직이고 있는 것을 멎게 하는 역할을 하는 것이 브레이크이다. 어떤 제동 방법이 있을까? 그것을 살펴보겠다.

거대한 힘과 에어브레이크

전동차처럼 많은 객차를 연결한 것을 정류장에서 정지시키는 데는 차량 전체가 움직이고 있는 바퀴에 일제히 브레이크를 걸지 않으면 안 된다.

이 목적에 쓰이는 것이 '공기브레이크'이다. 공기를 압축해서 〈공기통〉에 채워 넣고, 그 공기의 압력을 이용해서 브레이크를 움직이게 하는 것이다.

모든 차량에 연결되어 있는 브레이크관이라 불리는 공기관에 압축 공기를 충전해 두고, 브레이크를 걸 때 운전자가 핸들의 조작으로 이 공기를 빼고 브레이크관 안의 압력을 낮추면 제어 밸브의 피스톤이 동작한다. 그렇게 되면 공기통에 압축되어 있

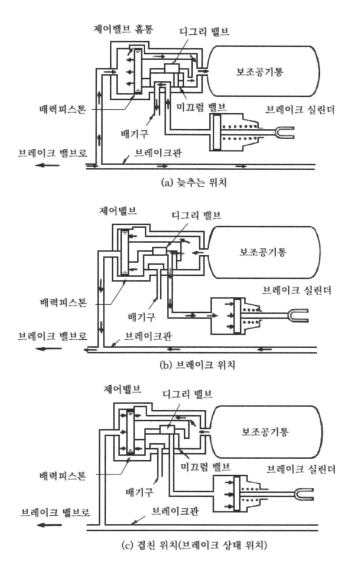

(a) 늦추는 위치

(b) 브레이크 위치

(c) 겹친 위치(브레이크 상태 위치)

〈그림 6-1〉 공기브레이크의 원리. 브레이크 밸브를 조작하여 보조 공기통의
공기로 브레이크 실린더를 작동시킨다

는 공기가 브레이크 실린더 안으로 들어가서 브레이크 장치를 작동시켜 브레이크가 걸리는 장치로 되어 있다.

이 브레이크 장치는 브레이크관 안의 공기압을 적당히 조절함으로써 브레이크가 걸리는 기능 상태를 자유롭게 제어할 수 있고, 또 객차가 분리되었을 때는 브레이크관도 분리되어 관 내의 압력이 내려가면서 자동적으로 브레이크가 걸리는 장점이 있어 이용 범위가 넓다.

강기차의 메커니즘

나선형 태엽을 단단하게 감으면, 거기에 에너지가 축적되고 그것이 풀리는 힘을 이용하는 기계가 있다. 시계도 그런 것 중 하나이다. 그러나 태엽을 감았다가 그대로 놓아버리면 순간적으로 태엽은 원상으로 되돌아간다. 이와 같이 순간적으로 방출되는 에너지는 이용하려고 해도 매우 어렵다. 번갯불처럼 순간적으로 방전하는 전기를 이용할 수 없는 것과 마찬가지이다.

태엽시계의 경우, 동력의 바탕이 되는 태엽과 시간을 가리키는 지침 사이에 들어가 있는 것이 '조속기'와 '탈진기'이다. 조속기는 천부(天府)와 실태엽으로 되어 있어, 천부가 좌우로 왕복 회전운동을 하고, 그 왕복운동은 늘 일정한 주기가 된다. 그것은 지침을 일정한 속도로 움직이게 하는 데 필요한 것이다.

탈진기는 태엽이 급속히 풀리는 것을 막기 위한 것으로 앵커 (Anchor)와 강기차로 이루어져 있다. 천부의 좌우 왕복운동이 앵커를 좌우로 움직이면, 앵커의 좌우에 있는 깔쭉니가 강기차의 이에 물렸다 떨어졌다 한다.

강기차에는 태엽이 풀리는 힘이 몇 개의 치차를 통해서 가해

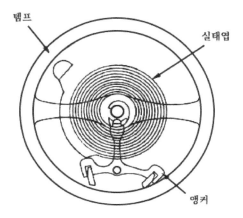

조속기 : 실태엽에 의하여 천부가 일정 속도로 왕복운동을 한다.

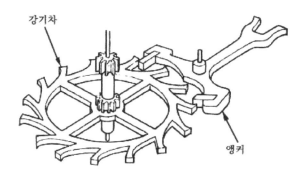

탈속진 : 조속기의 축 가까이에 있는 판으로 앵커가
        움직여서 강기차의 톱니를 하나씩 보낸다.

〈그림 6-2〉 조속기와 탈진기

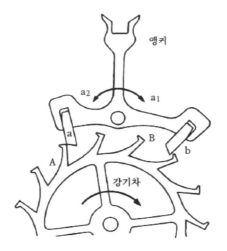

〈그림 6-3〉 깔쭉니 a가 A에서 떼어지면 강기차는 오른쪽으로 회전한다. 오른
쪽의 깔쭉니 b가 B에 걸려서 강기차는 정지한다. 다음에 b가 B
에서 떼어지면 강기차는 오른쪽으로 회전한다

져 있다. 따라서 강기차는 언제나 같은 방향으로 회전하려 한
다. 강기차의 A가 앵커의 깔쭉니 a에 닿으면(그림 6-3) 앵커의
끝에 힘이 가해져 앵커의 깔쭉니가 튀어 올라 강기차의 이에서
떨어져 나가고 강기차는 오른쪽으로 움직인다. 그렇게 되면 다
른 한쪽의 앵커의 깔쭉니 b가 강기차의 B에 닿는다. B는 오른
쪽으로 움직이게 힘이 가해져 있으므로 앵커의 깔쭉니를 튕겨
올린다. 깔쭉니는 강기차의 이에서 떨어져 나가고 강기차는 오
른쪽으로 움직인다. 이것을 되풀이해서 강기차의 이가 앵커의
좌우의 깔쭉니를 번갈아 튕겨 올리면서 오른쪽으로 회전을 계
속한다.
　앵커는 천부에 의해서 늘 일정한 주기로 좌우로 흔들리기 때
문에, 강기차도 일정한 속도로 회전을 계속한다. 따라서 강기차

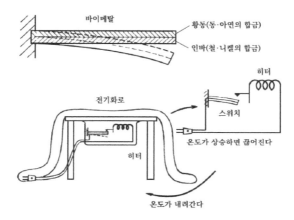

〈그림 6-4〉 바이메탈의 움직임에 따라 스위치를 개폐하고, 히터를 가열 또는
식혀서 온도를 조절한다

에 맞물려 있는 치차도 일정한 속도로 회전하게 된다. 이렇게
해서 태엽에 저장된 에너지를 조금씩 조금씩 끄집어내고 있는
것이다.

바이메탈로 조절

다른 두 금속판을 한 곳에 붙여서 열을 가하면, 팽창 정도가
각기 다르므로 이 판이 휘어진다. 이것을 바이메탈(Bimetal)이
라고 한다. 판이 휘어지는 성질을 이용해서 온도를 제어하는
데 이용되고 있다.

전기난로는 온도가 너무 올라가면 바이메탈의 작용에 의해
전원 스위치가 끊어지게 되어 있는데 전기다리미, 토스터와 같
은 것도 마찬가지다. 토스터는 내부 온도가 상승해서 빵이 적
당하게 구워지면 바이메탈이 작동하여 스위치가 끊어지고, 용
수철의 힘에 의해서 빵이 토스터 속에서 밖으로 튀어나오게 되

〈그림 6-5〉 제임스 와트의 증기기관

어 있다.

전기밥솥도 스위치를 넣으면 솥 안의 온도가 올라가서 물이 차츰 증발하고 쌀로 흡수되어 수분이 없어지면 솥 안의 온도가 100℃ 이상으로 올라간다. 바이메탈은 크게 휘어지며 그 끝으로 스위치를 조작하는 쇠붙이를 눌러 용수철의 힘으로 스위치가 끊어지게 되어 있다.

조속기의 아이디어

증기기관이나 내연기관도 피스톤의 왕복운동을 크랭크를 이용하여 회전운동으로 바꾸고, 그것을 바탕으로 다른 기계를 움직이고 있다.

그러나 이 회전운동은 늘 일정한 속도로 회전하지 않으면 이용하는 데 불편하다. 이 회전운동의 속도를 조절하는 것이 '조속기'이다.

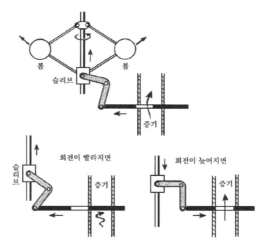

〈그림 6-6〉 와트의 조속기. 2개의 볼은 축의 회전이 빨라지면 원심력에 의해
　　　　　바깥쪽으로 이동한다. 슬리브는 상승하고 슬리브에서의 링크 기구
　　　　　로 증기의 통로가 닫혀 증기기관에 공급된다. 증기는 감소되고 회
　　　　　전이 느려진다

　제임스 와트가 증기기관에 설치한 회전운동의 속도를 일정하
게 유지하게 한 원심(遠心) 조속기는 뛰어난 아이디어였으며, 그
뒤에도 널리 이용되어 오늘에 이르고 있다.
　구조는 이렇다. 회전축에 장치한 강철 볼(Ball)은 축의 회전이
빨라지면 원심력으로 바깥쪽으로 이동한다. 따라서 볼에 달려
있는 슬리브(Sleeve)는 축을 따라 상승한다. 슬리브가 상승함에
따라 증기의 통로가 좁아지고, 엔진으로 보내지는 증기가 적어
져서 엔진의 회전이 떨어지게 된다. 회전이 떨어지면 축의 회
전이 느려지고 볼이 하강한다. 그렇게 되면 슬리브도 아래로
쳐지므로 증기의 통로가 열린다. 따라서 엔진으로 보내지는 증
기량이 늘어, 엔진의 회전이 빨라진다. 그러므로 볼이 올라가고

124

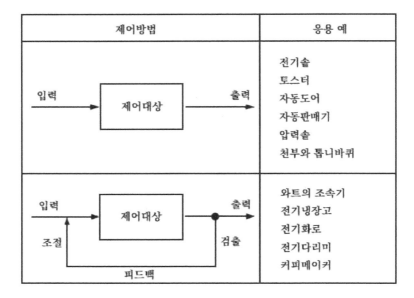

제어방법	응용 예
입력 → 제어대상 → 출력	전기솥 토스터 자동도어 자동판매기 압력솥 천부와 톱니바퀴
입력 → 제어대상 → 출력 조절 / 검출 / 피드백	와트의 조속기 전기냉장고 전기화로 전기다리미 커피메이커

〈그림 6-7〉 두 종류의 제어 방법

내려가는 데 대응해서 엔진의 회전이 제어되어, 어느 일정한 회전속도 범위 내에서 회전을 계속한다.

이와 같이 증기기관으로 회전하는 차의 속도를 어떤 방법으로 측정해서, 그것이 너무 빠르거나 느리거나 할 때 그 결과를 원상으로 되돌려 증기기관의 운전을 제어하는 방법을, 피드백에 의한 제어라고 한다. 이 방법이면 어떤 운동 상태를 자동적으로 제어할 수 있기 때문에 응용 범위가 넓다.

자동적으로 제어한다고 하지만 그 방법에는 두 종류가 있다. 하나는 전기밥솥이나 토스터와 같이 스위치를 넣은 뒤, 다 될 때까지 전혀 사람의 손을 필요로 하지 않고 자동적으로 목적을 달성하지만, 다 된 것이 어떤 상태인가는 고려하지 않는 제어,

가령 토스터로 빵이 구워져 나오지만, 새까맣게 탔더라도 그대로 나온다. 도중에서 구워진 상태를 살펴가며 자동적으로 히터를 제어하는 일은 하지 않는다.

또 하나는 전기난로에서 하듯 하는 자동 제어다. 이 경우 난로의 온도가 상승하는 상태를 바이메탈이 감지해서 너무 올라가면 스위치를 끊어 히터의 온도를 내리고, 너무 내려갔으면 바이메탈에 의해 스위치가 넣어져 난로의 온도가 올라간다. 즉 이 경우는 중간 상태가 어떻게 되어 있는가를 알아서 그것이 목적한 대로 되지 않으면, 자동적으로 조절하는 일을 하고 있다. 즉 피드백에 의한 제어이다.

7. '링크장치'를 가진 기계

128

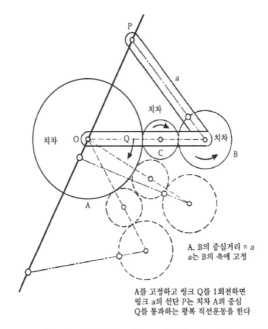

A, B의 중심거리 = a
a는 B의 축에 고정

A를 고정하고 링크 Q를 1회전하면
링크 a의 선단 P는 치차 A의 중심
Q를 통과하는 왕복 직선운동을 한다

〈그림 7-1〉링크와 치차로 왕복 직선운동을 얻는 장치

링크장치

가늘고 긴 막대를 서로 핀으로 연결한 것을 링크장치라고 하고, 특히 네 개의 링크로 이루어진 것을 '사절 기구(四節機構)'라고 하며, 링크장치의 기본형이 된다는 것은 전에 말했다. 링크장치는 운동의 전달이 확실하며 또 링크를 조합하는 방법이나 구속시키는 방법에 따라서 다종다양한 운동을 하게 할 수 있다. 따라서 기계 각부에 있어서의 동력의 전달, 운동의 전달 등에 널리 쓰이며, 거의 모든 기계에 이용되고 있다.

평행운동, 직선운동 혹은 더 복잡한 운동이라도 사절 기구를 이용해서 할 수가 있다. 막대를 판자로 바꿈으로써 다른 운동을 하게 하고, 또 치차나 캠 같은 것과의 조합으로도 각종 운동을 하게 한다. 기계를 제작할 때는 링크장치를 어떻게 응용하느냐가 중요하다.

링크장치를 효과적으로 기계 속에 짜 넣으면 합리적이고 보다 편리한 것을 만들 수 있을뿐더러, 그 복잡한 운동은 기계를 사용하는 사람에게도 매우 흥미로운 일이라고 할 수 있다.

날개치기 비행기

옛날, 아직 인간이 하늘을 날지 못했을 때 새의 흉내를 내어 하늘을 날려고 한 사람이 있었다. 새처럼 날개를 퍼덕이며 날려고 했었다. 새의 날개와 같은 것을 만들어 이것을 양손에 쥐고, 퍼덕이며 하늘을 날려고 생각했던 것이다. 그리하여 몇몇 사람이 실제로 시도해 보았지만 모두 실패했다.

20세기 초에 미국의 라이트 형제가 가솔린 엔진을 적재한 비행기를 타고, 처음으로 하늘을 나는 데 성공했다. 그 후 비행기는 급속히 발달해서 오늘날에 와서는 나날이 숱한 비행기가 온 세계를 날고 있다. 그러나 어느 비행기도 날개를 퍼덕이며 나는 것은 하나도 없다.

기계의 발명에는 동물의 동작을 흉내 낸 것이 많다. 그러나 동물이 움직이는 모양을 그대로 기계화하려는 시도는 거의 모두 실패했다. 바늘과 실로 천을 꿰매는 동작을 그대로 기계로써 해보려던 재봉틀은 실패했으며, 물고기가 헤엄치는 모양을 그대로 기계화할 수는 없었다.

그런데 최근에 장난감 가게에서 날개치는 비행기라는 것을 팔고 있다. 나도 그것을 하나 사서 날려보았는데, 그리 오랫동

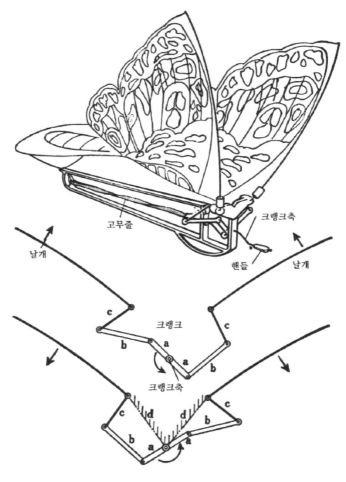

고무줄

크랭크축

날개

핸들

날개

c

c

크랭크

b

a

a

b

크랭크축

c

d

d

c

b

a

a

b

〈그림 7-2〉 날개치기 비행기

안은 날지 못했으나 날개를 퍼덕이며 하늘을 나는 재미있는 장
난감이었다. 이 날개치기 비행기에 이용된 것은 사절 기구의
하나인 '크랭크 지렛대 기구'이다.

〈그림 7-2〉에서 그 구조를 보았는데, 크랭크축에 붙어 있는 핸들을 돌려서 고무줄을 몇 번 꼬아준 다음, 핸들에서 손을 떼면 고무줄이 풀리는 힘으로 크랭크 a가 돌아, 커넥팅 로드 b를 거쳐 지렛대 C가 왕복운동을 한다. 좌우의 날개를 움직이기 위해서 크랭크축에 크랭크가 두 개 붙어 있는데, 크랭크는 크랭크축의 양쪽에서 일직선상에 있다. 그 때문에 좌우의 날개는 동시에 위로 또 아래로 움직이는 것이다. 즉 날개는 마치 새처럼 위아래로 퍼덕인다.

옛날 시계에는 링크장치로 움직이는 인형이나 동물이 달린 것이 많았다. 중세 프랑스의 스트라스부르에서 만들어진 시계에는 기계로 움직이는 수탉이 달려 있었다. 이 시계는 높이 11m나 되는 큰 것으로, 정오가 되면 수탉이 부리를 벌리고 혀를 내밀어 시간을 알리고, 해를 치며 깃털을 펼쳤다.

도어체크

도어 윗부분에 달려 있는 도어체크(자동개폐기)는 도어를 열고 그대로 손을 놓으면 도어가 저절로 닫히게 작용한다. 도어가 지나치게 쾅 하고 닫히면 좋지 않으므로 닫히기 조금 전에 서서히 움직여서 조용히 닫히게 되어 있다.

도어가 세차게 닫히는 것을 체크한다는 뜻에서 도어체크라고 불린다. 일본의 공업표준규격에서는 이것을 도어 클로저라고 부르고 있다. 클로저는 닫히다(Close)에서 나온 말이다.

이 장치에서 도어에 달려 있는 상자 속에는 도어를 닫거나, 닫히기 조금 전부터 도어를 서서히 움직이게 하는 장치가 들어 있다.

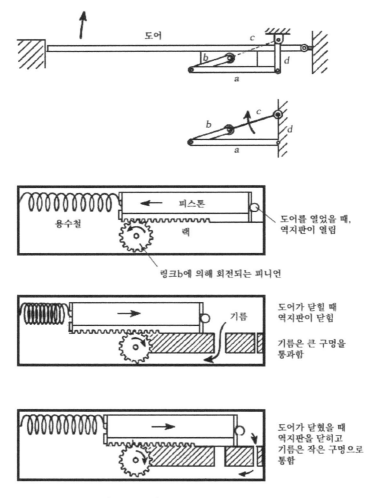

〈그림 7-3〉도어체크의 메커니즘

　우선 도어를 열었을 때, 상자 밖에 있는 링크가 움직여서 상
자 속의 피니언을 회전시킨다. 이것과 맞물려 있는 랙에 의해
피스톤이 움직여, 피스톤의 한쪽 끝에 있는 용수철을 압축한다.

용수철에는 에너지가 저장되어 있어, 이 에너지로 도어를 닫게
된다. 도어를 열었다가 손을 떼면 용수철의 힘으로 피스톤이
눌려 피스톤이 오른쪽으로 움직인다. 피스톤의 바깥쪽에는 랙
이 있고, 그 랙에 의해서 피니언이 움직인다. 피니언이 밖에 있
는 링크를 움직여 도어가 닫힌다.

이대로 가면 도어가 쾅 하고 세게 닫히지만, 닫히기 조금 전
에 도어가 서서히 움직이게 되어 있다.

피스톤과 용수철, 피니언 등이 들어 있는 상자는 밀폐되어서
그 속에는 기름이 들어 있다. 피스톤은 내부가 비어 있고, 오른
쪽 끝에 강철 구슬을 사용한 역지판(또는 거꿀날름쇠, Check
Valve)이 달려 있다.

〈그림 7-3〉과 같이 도어를 열 때는 피스톤이 왼쪽으로 움직
이는데 이때 강철 구슬은 오른쪽으로 움직이고, 역지판이 열려
서 피스톤의 기름이 흘러나오므로 피스톤은 저항 없이 왼쪽으
로 움직여 용수철을 압축할 수가 있다. 도어가 닫힐 때는 용수
철에 눌려 피스톤이 오른쪽으로 움직이게 되는데, 이때 역지판
이 닫히고, 피스톤의 오른쪽 기름은 밑에 있는 두 개의 작은
구멍에서 흘러나와 피니언 랙 부분을 통과해서, 피스톤의 반대
쪽으로 나가게 된다.

피스톤이 오른쪽으로 움직여서 한 구멍 위를 통과하면, 피스
톤의 오른쪽 기름은 제2의 구멍에서 흘러나간다. 그러나 이 구
멍은 좁아서 기름의 흐름이 느려진다. 따라서 피스톤은 서서히
오른쪽으로 움직이므로 도어도 서서히 움직여서 쾅 하고 세차
게 닫히지 않고 조용히 닫히는 기구이다.

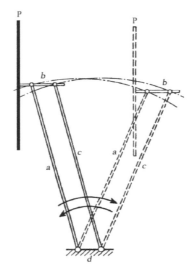

〈그림 7-4〉 와이퍼의 운동

자동차의 와이퍼

자동차의 프런트 글라스(Front Glass)에는 비가 올 때, 그 물방울을 닦아내 앞을 잘 보이게 하는 장치로 윈도 와이퍼가 달려 있다.

승용차의 와이퍼는 부채꼴로 운동하지만, 버스와 같이 대형 자동차는 유리 면적이 넓기 때문에 되도록 넓은 범위의 물기를 닦아내기 위해 〈그림 7-4〉에서 본 것과 같은 와이퍼가 달려 있다. 물을 닦아내는 부분에는 고무가 붙어 있어, 깨끗이 물을 닦아내게 되어 있다. 이 고무 부분이 움직이면서 유리면의 끝에서 끝까지 물을 닦아내는 것이다. 그렇게 하려면 수직으로 달려 있는 막대가 수직인 채로 좌우로 흔들리게 하면 된다.

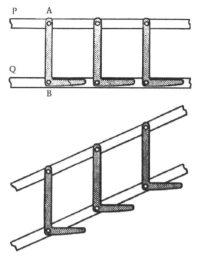

〈그림 7-5〉 언제나 수평인 계단

두 개씩 길이가 같은 네 개의 링크인 a, b, c, d를 〈그림 7-4〉와 같이 연결한다. a와 c, b와 d는 길이가 같다. d를 고정하고 a를 좌우로 움직이게 하면 b는 언제나 d와 평행으로 움직이기 때문에 b에다 수직으로 와이퍼를 장치하면, 유리 전면을 이동하며 넓은 면적에 걸쳐 물을 닦아낼 수 있다.

평행한 막대 P, Q에 L자형의 많은 계단을 고른 간격으로 설치한 것(그림 7-5)은 P, Q를 기울게 해도 L자형의 계단 부분은 늘 수평이므로, 이 계단의 왼쪽 끝의 것을 배 위에, 오른쪽 끝의 것을 물에 장치했을 때 편리하다. 배가 위아래로 요동해도 계단은 늘 수평이기 때문에 걸쳐놓고 건너다니기에 편하다.

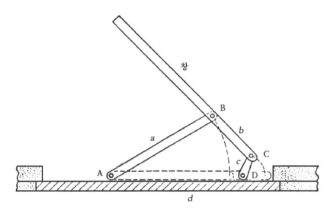

〈그림 7-6〉 창문의 개폐에 링크장치를 응용한 것이 있다

창문의 개폐에 이용된 링크장치

〈그림 7-6〉은 창문을 여닫는 데 이용되는 링크장치이다. A, D는 창문이 있는 건물에 고정되어 있다. 그것은 링크 a, b, c, d로 이루어졌고 B, C는 창문에 부착되어 있다. 즉 링크 b가 창문이다. 창을 열면 링크 a, c는 각기 A, D를 중심으로 회전해서 창문을 건물 밖으로 밀어내는 식으로 되어 있다. 창문의 양쪽에서 통풍이 가능하고 또 고정점 A를 처지게 함으로써 창을 여는 각도를 조절할 수 있으므로 편리하다.

8. '한 방향운동'을 가진 기계

138

래칫휠

자전거를 탔을 때 페달을 밟으면 힘차게 전진하지만, 지쳐서 페달을 밟지 않고 쉬고 있어도 자전거는 전진을 계속한다. 이때 차바퀴는 돌고 있으나, 체인은 정지해 있다.

즉 체인이 걸려 있는 연쇄차도 멈춰 있다. 또 자전거를 스탠드로 받쳐 세워 놓고, 손으로 페달을 돌리면 자전거가 전진하는 방향으로는 바퀴를 돌릴 수 있으나 반대 방향으로는 바퀴를 돌릴 수 없다. 페달을 반대 방향으로 돌리면 달각달각 소리가 나며 뒷바퀴는 페달이 돌아가는 방향으로는 회전하지 않는다.

또 페달은 좌우로 돌릴 수도 있으나 차바퀴는 한쪽 방향으로밖에는 돌아가지 않는다. 이것은 차바퀴의 축에 깔쭉니와 깔쭉톱니바퀴가 붙어 있기 때문이다.

깔쭉톱니바퀴 A의 축 O에 링크 C가 붙어 있고, 그 C에 깔쭉니 B가 달려 있다(그림 8-1). C를 화살표 방향으로 돌리면 깔쭉니 B에 의해 깔쭉톱니바퀴 A는 왼쪽으로 회전한다. 깔쭉톱니바퀴의 이 하나가 전진했을 때, C를 원위치로 되돌리면 깔쭉니 B는 이 위를 미끄러져 가서 다음 이에 걸린다. 다시 C를 왼쪽으로 움직이면 A는 다시 왼쪽으로 돌아간다. 즉 C를 왼쪽으로 움직일 때만 A가 회전하고, C를 오른쪽으로 움직였을 때는 A가 돌아가지 않는다.

깔쭉니의 작용에 의해서 연속적으로 혹은 계속적으로 운동을 전달하거나 또는 역전을 방지하는 것은 여러 곳에 이용되고 있다.

자전거에는 연쇄차 A의 내면의 오목한 부분에 깔쭉니 B가 들어 있다. 축 O에 고정된 바퀴 C의 주위에는 많은 뿔 모양을

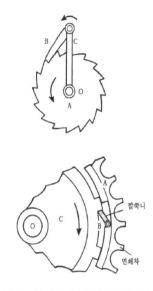

〈그림 8-1〉 깝쭉니와 깔쭉톱니바퀴

한 이가 달려 있다. C를 화살표 방향으로 회전하면, 연쇄차 A
는 오른쪽으로 회전하지만 C가 좌회전할 때 연쇄차 A는 회전
하지 않는다. 따라서 C의 한 방향으로의 회전만이 A에 전달된
다. A에는 체인이 걸려 있고 체인은 한 방향으로만 움직이는
것이다.

  태엽시계에서 태엽을 감을 때는 감는 방향에는 치차가 돌아
가고, 감은 태엽이 확 풀리지 않게 역전방지장치가 달려 있다.
그것은 깔쭉니와 깔쭉톱니바퀴로 이루어져 있다. 이것을 '래칫
휠(Ratchet-Wheel) 기구'라고 한다(그림 8-2). 태엽이 감겨 붙은
축에 깔쭉니가 달린 바퀴(이것을 래칫휠이라고 한다)가 단단하게
고정되어 있어, 태엽을 감을 때는(〈그림 8-2〉의 A) 래칫휠은 화
살표 방향으로 돌아가고, 깔쭉톱니바퀴는 래칫휠의 이 위를 미

140

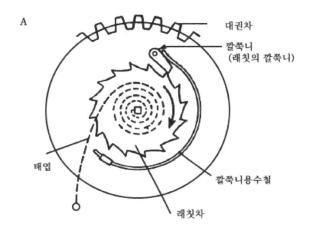

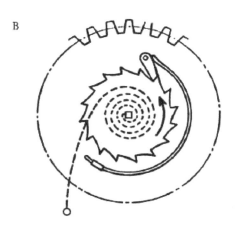

〈그림 8-2〉 시계의 태엽을 감은 뒤 태엽이 급속히 풀리지 않는 궁리

끄러져 간다. 래칫휠과 대권차는 고정되어 있지 않으므로, 태엽을 감을 때 대권차는 돌아가지 않는다. 태엽을 다 감으면 깔쭉니는 래칫휠과 맞물려서(〈그림 8-2〉의 B), 태엽이 풀리려고 하는 힘이 깔쭉니를 통해서 대권차에 전달된다. 이렇게 해서 태엽에 저장된 힘은 대권차를 돌리고, 대권차와 맞물려 있는 치차를 차례차례로 돌려 시계가 째깍째깍 움직이게 된다. 기계 전문가들은 깔쭉니를 '래칫의 톱'이라고 하고, 이것과 래칫휠의 장치를 통틀어 '래칫휠'이라고 한다.

샤프펜슬

샤프펜슬(Sharp Pencil)은 꼭대기의 돌기를 손가락으로 눌렀다 폤다 하면 끝에서 연필심이 차츰차츰 나온다. 눌렀을 때는 심이 나오고, 떼면 심이 그대로 고정된다.

가늘고 긴 쇠막대를 땅속에 꽂아 넣을 때의 일을 생각해 보자. 막대를 손에 쥐고 땅속에 조금 꽂아 넣은 다음, 일단 손을 떴다가 다시 막대를 고쳐 잡고 힘을 들여 땅속에 꽂아 넣을 것이다. 그러니까 막대는 땅속으로 들어가다 멎었다 하는 셈이다. 가늘고 긴 막대를 전진시키려면, 그것을 쥐고 밀었다가 잡았던 것을 놓고, 잡아당겼다가 다시 밀면 된다. 이때 잡았던 것을 놓았을 때는 막대가 원위치로 되돌아가지 않게 해야 한다.

샤프펜슬의 경우도 심을 눌러서 앞으로 밀어내고, 눌렀던 것을 심에서 떼어 원위치로 되돌려 다시 심을 눌러 앞으로 밀면 된다. 이것을 기계적으로 하려면 다음과 같은 방법에 따른다.

즉 심을 누르는 것으로서 〈그림 8-3〉과 같이 막대 끝이 세 갈래로 갈라진 집게 장치를 이용하고 있다. 세 부분 사이에는

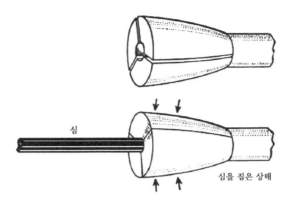

<그림 8-3> 심을 집는 메커니즘

틈이 있고, 한가운데의 구멍 부분은 심의 굵기보다 크다. 이것으로 심을 집는 것이다. 이런 상태에서는 심이 가운데 구멍으로 쉽게 들어갈 수 있다. 심이 들어갔으면 세 부분을 주위에서 눌러 구멍을 좁혀 심을 집게 한다. 그리고 전진시키다가 멈춘 상태에서 주위로부터 누르고 있던 힘을 풀면, 가운데 구멍이 커져서 집게 장치를 원위치로 되돌려도 심이 그대로 남아 있다.

〈그림 8-4〉에서 샤프펜슬의 실제 구조를 보았다. 심을 집는 장치 A가 B 속에 들어가 주위로부터 눌려 심을 집고 있다(①). 다음에 이것을 밀어내 끝부분에 오면(②), 내부에 돌기가 있어 거기에서 B는 막혀 전진할 수가 없고, A만 전진하므로 B는 A로부터 떨어진다. 그렇게 되면 A의 세 부분은 약간 바깥쪽으로 움직여 중앙의 구멍이 커진다. 여기서 심은 눌려 있지 않으므로 A, B는 심을 놓아둔 채 다시 원위치로 되돌아간다(③).

되돌아온 상태에서 B가 멎었던 곳에 A가 끼어들고, A는 다시 심을 집는다. 뒤에 있는 돌기를 손가락으로 눌렀다 뗐다 하

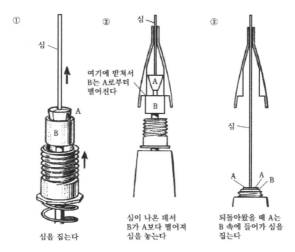

<그림 8-4> 심이 나오는 메커니즘

면 A, B는 심을 집어서 끝 쪽으로 전진하고, 심을 놓아두고는 다시 되돌아가는 것을 되풀이해서 심이 앞으로 나가게 되는 것이다.

볼펜

우리가 흔히 쓰고 있는 볼펜은 꼭대기를 손가락으로 누르면 끝에서 펜이 나온다.

쓰지 않을 때는 다시 한번 꼭대기를 누르면 펜이 속으로 들어간다. 즉 꼭대기에 있는 돌기를 눌렀다 뗐다 하면 펜이 나왔다 들어갔다 한다.

볼펜의 내부에는 P, Q, R의 세 가지가 들어 있다(그림 8-5). P는 꼭대기에서 손가락으로 누르는 부분, Q는 P에 밀려서 회전하는 부분, R은 그 끝에 볼이 있고 속에 잉크가 들어

144

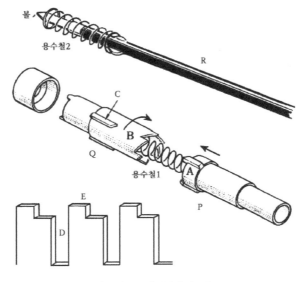

볼

용수철2

R

C

B

Q

A

용수철1

P

E

D

〈그림 8-5〉 볼펜의 내부

있는 부분, 이 세 가지가 있다. P, Q, R 사이에는 용수철이 들
어가 있다. 또 R의 끝 쪽에도 용수철이 끼어 있다.

꼭대기의 돌출물을 누르면 A는 B 쪽으로 향하고, A의 뾰쪽
한 부분의 빗면이 B의 빗면에 닿아 B를 밀어 올리는 동시에
오른쪽으로 회전시킨다. A를 누르다 멈추면 용수철 1의 작용으
로 A는 원위치로 되돌아가고, B 위에 있는 돌기 C가 홈 D 속
으로 들어가며, B는 위로부터 용수철 2에 눌려서 아래로 내려
가 펜을 끌어들인다. 다음에 A를 위로 밀어 올리면 빗면이 B
의 빗면에 닿아서, B를 다시 오른쪽으로 움직이게 한다. A를
누르는 것을 중지하면 A가 내려가고, B 위의 돌기 C가 E 위에
앉는다. 그리하여 펜이 나와 있게 된다.

즉 돌기 C가 홈 D에 들어갔을 때는 펜이 들어가고, E 위에

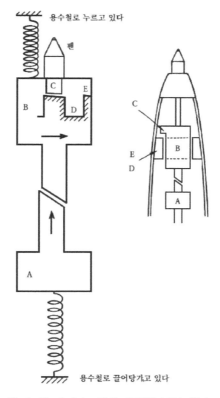

용수철로 누르고 있다

펜

C   E

B   D

A

용수철로 끌어당기고 있다

〈그림 8-6〉 홈 D는 펜의 안벽에 붙어 있다

얹혔을 때 펜이 나오게 된다. C가 얹히는 홈 D와 E는 볼펜대의 내면에 B를 감싸서 달려 있다. A에 밀려서 B가 뱅글뱅글 돌면서 돌기 C가 홈 D에 들어가거나, 받침 E 위에 얹거나 해서 펜이 들어갔다 나왔다 한다. 손가락의 직선운동을 간헐적으로 일정한 방향으로 움직이는 B의 원운동으로 바꾸어 펜을 드나들게 하는 교묘한 장치이다.

9. '역지판'을 가진 기계

148

피리 풍선

예로부터 풍선은 어린이들의 장난감이었는데, 이 풍선 주둥이에 가공을 해서 소리가 나게 한 것이 있다.

입으로 공기를 불어 넣어 풍선을 부풀게 하고, 입을 묶으면 풍선의 바람은 그대로 있다. 주둥이에 가공해 둔 뾰쪽한 작은 막대를 손가락으로 가볍게 누르면, 풍선 속의 공기가 거기서부터 세차게 새어 나오면서 '삐이' 하는 소리를 내게 되어 있다.

원통형 모양의 B 속의 구멍에는 층이 만들어져 있고, 여기에 원판 A가 들어 있다(그림 9-1). 원판에는 가늘고 긴 돌기가 달려 있다. 이런 것이 풍선 주둥이에 끼워져 있다. 입을 대고 공기를 불어 넣으면 원판은 공기에 눌려 속으로 들어가고, 주위의 틈새로부터 공기가 풍선 속으로 들어가 풍선이 부푼다. 입을 떼면 풍선 속의 공기는 밖으로 나가려고 원판 A를 밖으로 밀고, A는 B의 돌출 부분에 밀착해 틈이 없어져 속의 공기가 밖으로 새지 않게 된다. A의 돌기를 손가락으로 누르면, 원판은 B의 돌출 부분에서 떨어져 속으로 끼어들기 때문에 그 주위에 틈이 생겨 A를 누르고 있는 동안은 풍선 속의 공기가 세차게 뿜어 나오게 된다. 그리고 B의 하단, 한쪽은 B에 고정된 얇팍한 판 C가 있어서, 공기가 흘러나갈 때, 이 판이 진동해서 '삐이' 하는 소리가 나게 된다.

공기나 물, 기름과 같은 유동체를 한 방향으로만 흐르게 할 때는 이 풍선에 달려 있는 것과 같은 장치를 하면 된다. 역류하지 않기 때문에 이것을 '역지판 또는 거꿀날름쇠, 영어로는 체크 밸브'라고 부른다.

또 선풍기의 모터 부분을 보면, 그 케이스에 작은 구멍이 뚫려

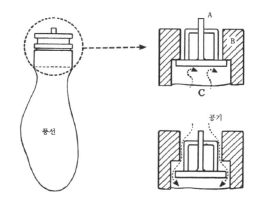

〈그림 9-1〉 피리풍선

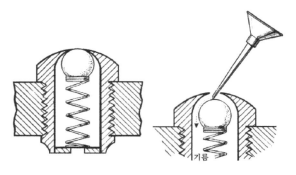

〈그림 9-2〉 급유구

있는 것을 볼 수 있다. 이 작은 구멍은 모터의 베어링(Bearing), 기타 회전 부분에 급유(給油)하기 위한 것이다.

이 구멍은 스프링으로 눌려 있는 작은 볼로 막혀 있다. 그러므로 보통 상태에서는 내부의 기름이 이 구멍을 통해서 외부로 흘러나오지 않게 되어 있다. 급유할 때는 기름 깔때기를 여기에 대고 안쪽으로 강하게 눌러주면, 볼이 안으로 밀려들고 구멍이 열리므로 거기에 기름을 넣으면 주유(注油)가 된다. 기름 깔때기를 떼면 볼은 스프링에 눌려 구멍이 다시 막히고 기름이 밖으로 새어 나오지 않는다. 이것도 역지판의 일종이다(그림 9-2).

커피메이커

요즘 많은 가정에 있는 커피메이커는 역지판을 이용한 커피를 넣는 장치이다.

커피를 잘게 빻아서 그릇 위에 올려놓고, 물을 그릇 속에 붓고 스위치를 넣어 전기가 통하면, 잠시 후에 커피 위에 뜨거운 물이 떨어지며, 그릇 속에는 향긋한 커피가 고인다.

그러면 그릇의 아래쪽에 들어 있는 물이 2~3분 사이에 뜨거운 물이 되어 위에서 나오는 것은 어떤 장치일까? 얼핏 생각하면 이상하다. 그러나 그 장치의 대체적인 구조는 이러하다.

뜨거운 물을 위로 밀어 올릴 때는 증기의 힘으로 하고, 그 증기의 힘을 한 방향으로만 작용시키는 데에 역지판을 교묘하게 사용하고 있다.

물은 역지판을 통해서, 가느다란 관 P 속에 들어간다(그림 9-3). 이 역지판은 왼쪽에서 오른쪽으로 물을 통하게 하지만, 반대로는 통하지 않게 되어 있는 밸브다. 관 P의 주위에는 히터가 있어, 여기서 물이 가열되어 이윽고 일부가 증기가 된다. 증기가 되면 그 체적이 갑자기 늘어나서 P 속의 뜨거운 물을 오른쪽으로 밀어준다. 역지판이 있으므로 왼쪽으로는 가지 못하고 속의 뜨거운 물은 모두 오른쪽 위로 올라가 커피에 뿌려지게 된다. 이때 P 속에 있는 뜨거운 물이 나가버리면, P 속의 압력이 내려가서 왼쪽에서 물이 밸브를 통해서 들어온다. 그리

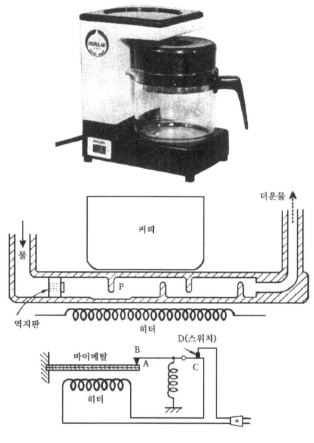

〈그림 9-3〉 커피메이커의 원리

고 또 히터에 가열되어 증기가 발생해서 뜨거운 물을 오른쪽으로 밀어내는 일을 반복한다.

그리고 물이 모두 없어져 버리면 히터의 온도가 차츰 상승한다. 히터 곁에는 바이메탈이 있어서 히터의 온도가 올라감에 따라 바이메탈이 휘어지기 시작하며, 선단 A가 지렛대를 밀어 올리고, 전기의 접점 D는 C에서 떨어지며, 전기는 히터로 통하지 않게 되어 히터가 식어간다. 식으면 바이메탈은 다시 본래의 상태로 되돌아가므로, 스프링의 작용으로 C와 D가 접촉해서 히터에 전기가 통하게 되어 뜨거워진다. 이것을 반복해서 그릇 속의 커피가 마시기 알맞은 80°C 정도로 늘 유지된다.

수압 해머

욕조 속의 물에 호스의 한쪽 끝을 세차게 담그면, 물이 호스 속으로 흘러들어 그 힘으로 반대쪽 끝에서 물이 흘러나온다.

바깥으로 흘러나오고 있는 호스의 한쪽 끝을 갑자기 꽉 움켜쥐고 물의 흐름을 막았다고 하자. 그러면 세차게 흘러나오던 물은 갑자기 정지하기 때문에, 움켜쥔 데서 호스 속의 수압이 갑자기 높아진다. 따라서 움켜쥔 곳에서는 물로 두들겨 패듯이 되므로 이 현상을 '수압 해머(Water Presure Hammer)'라고 부르고 있다.

세차게 나오는 수도의 콕(Cook)을 갑자기 막으면 수도관이 '쿵' 하는 소리를 내며 진동하는 현상은 평소 누구나 경험하는 일이다. 그 이유는 위에서 말한 바와 같이 수도관 속을 흐르고 있는 물을 갑자기 멎게 하면 그곳의 수압이 갑자기 높아지기 때문이다.

이 현상을 이용해서 물을 높은 곳으로 길어 올리는 '수압 펌프'라는 것이 있다.

수원(水源)에서 물이 펌프실로 흘러 들어가면 배수 밸브로부터 물이 밖으로 흘러나가는 물의 속도는 차츰 빨라지고, 이 빠른 흐름에 의해서 배수 밸브를 밀어 올리는 작용이 일어난다.

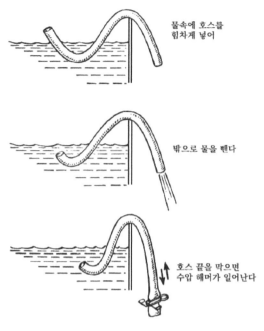

물속에 호스를
힘차게 넣어

밖으로 물을 뺀다

호스 끝을 막으면
수압 해머가 일어난다

〈그림 9-4〉 수압 해머

그 결과 배수 밸브가 닫힌다. 그때 배수 밸브가 닫혀도 수원에
서 흐르는 물은 아직도 펌프실로 흘러 들어가려 하므로, 펌프
실 내의 압력이 급격히 상승한다. 양수 밸브가 이 압력에 의해
서 밀려 올라가 펌프실의 물은 공기실로 흘러든다. 여기에 있
는 공기는 압축되어 압력이 상승하기 때문에 이 압력에 의해서
공기실 내의 물은 양수관을 통해서 위쪽까지 흘러간다.

공기가 팽창하고 이윽고 펌프실 내의 압력이 내려가면 양수
밸브가 닫히고, 배수 밸브가 열린다. 그리고 또 수원에서 오는
물이 펌프실로 흘러들어 배수 밸브를 닫고, 수압 작용으로 양
수 밸브가 열려 양수가 계속된다.

154

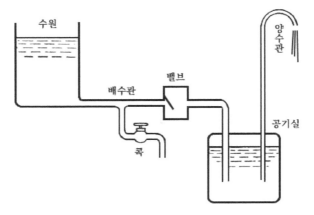

〈그림 9-5〉 수압 해머의 예

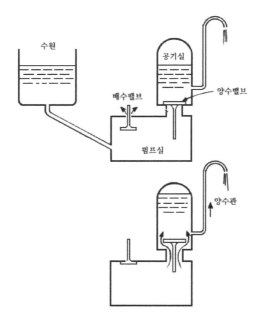

〈그림 9-6〉 수압 펌프. 배수 밸브나 양수 밸브도 역지판이다

이렇게 해서, 이 펌프는 동력으로서 아무런 기계도 필요로 하지 않고, 수압 작용에 의해 배수 밸브와 양수 밸브가 여닫혀 물이 높은 곳으로 길어 올려진다.

에너지를 절약해야 할 시대에 아주 알맞은 펌프이다.

이 펌프는 18세기 후반, 영국과 프랑스에서 발명되어 그 후 각 방면에서 활발히 사용되어, 한때 많이 생산되기도 했으나 전력을 값싸게 이용하게 되면서부터 차츰 쓰이지 않게 되었다. 거기에다 수압 펌프는 설치 장소에 제약을 받고, 양수량이 많지 않으며, 가동 중의 소음과 진동이 뒤따르는 결점이 있었다.

현재 산간벽지에서 간이수도로 이용되거나 낙농의 급수시설로 쓰이고 있고, 낙차 7~8m 정도에서 80~100m의 양수가 가능하다.

이 펌프에 쓰이고 있는 배수 밸브나 양수 밸브도 모두 역지판을 이용한 것이 포인트이다.

10. '정지'를 위한 기계

브레이크

회전하는 것을 정지시키려 할 때는 회전하고 있는 것에 외부로부터 어떤 힘을 가해서 회전을 저지하면 된다.

자전거의 브레이크는 바퀴의 림(Rim)에 고무조각을 밀착시켜 회전을 차츰 느리게 해서 멎게 하는 방법이다. 림에 고무조각을 밀착시키면 접촉면에 마찰이 생긴다. 자전거는 그다지 빠른 속력으로 달리지도 않고, 자전거의 중량도 그다지 크지 않아 마찰에 의한 발열도 비교적 적으며, 브레이크의 고무가 마모되는 것도 심하지 않으므로 이러한 간단한 방법으로 브레이크를 걸 수가 있다.

그러나 더 크고 무거운 것을 정지시키려면 어떻게 하면 될까? 거기에는 다른 궁리가 필요하다.

자동차를 운전하다가 브레이크를 걸려면, 운전석 밑에 있는 브레이크 페달을 밟으면 된다. 자전거에서는 손의 힘으로 쉽게 브레이크가 걸리지만, 자동차와 같은 무거운 것, 또 자전거에서는 도저히 생각할 수 없는 시속 80, 90㎞의 속력으로 달리고 있을 때 브레이크를 걸 필요가 있다. 이렇게 무겁고 빠른 것을 발의 힘만으로 정지시키려 해도 그것은 불가능하다.

자동차에 쓰이고 있는 브레이크는 크게 두 가지로 나눌 수 있다. 하나는 드럼 브레이크(Drum Brake)이고, 또 하나는 디스크 브레이크(Disk Brake)이다.

드럼 브레이크는 차바퀴와 함께 회전하는 드럼의 안쪽에 아스베스토스(Asbestos)의 마찰에 강한 것을 붙인 브레이크슈(Brakeshoe)가 있어서, 이것으로 드럼의 안쪽을 밀어붙여 브레이크가 걸리게 되어 있다. 브레이크슈를 움직이게 하려면 브레

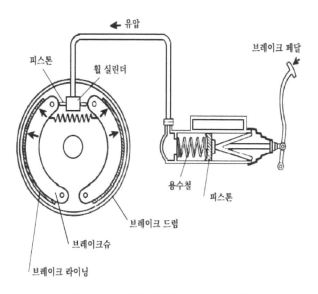

〈그림 10-1〉드럼 브레이크의 메커니즘

이크 페달을 밟으면 된다. 유압의 작용으로 브레이크슈의 끝부분에 있는 피스톤이 움직이고, 이 피스톤에 의해서 브레이크슈의 한쪽 끝을 드럼의 안쪽으로 움직이게 하면 브레이크 라이닝(Brake Lining)이 드럼에 접촉해서 브레이크가 걸린다. 언덕길을 내려올 때 브레이크를 빈번히 사용하면, 드럼과 브레이크 라이닝의 마찰로 말미암아 마찰열이 발생하고 드럼이 팽창하는 동시에 슈의 마찰계수가 저하되어 결국 브레이크가 듣지 않게 되므로, 언덕길을 내려올 때는 되도록 엔진브레이크를 사용한다는 것은 드라이버(Driver)라면 누구나 알고 있다.

그러자면 내리막길에서는 기어를 로우(Low)에 넣는다. 내려오는 힘으로 차바퀴가 빨리 회전하려 하기 때문에 피스톤을 빨

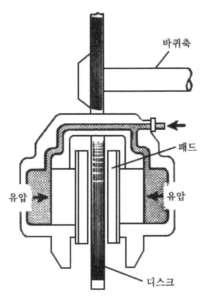

바퀴축

패드

유압   유압

디스크

〈그림 10-2〉 디스크 브레이크

리 운동시키려 한다. 그러나 밀폐된 실린더 내에서는 기체의
저항이 있어 피스톤은 그렇게 빨리 움직이지 못한다. 따라서
차바퀴도 급회전을 할 수 없어 천천히 언덕을 내려오게 된다.
그리고 브레이크 페달을 필요에 따라서 밟아주기만 하면 된다.

또 하나의 디스크 브레이크는 회전축에 디스크(원판)가 붙어
있고, 이 디스크를 패드로 끼워서 브레이크를 거는 것이다. 패
드를 움직이는 데는 유압에 의하는 것이 보통이다. 자동차에도
쓰이고 있으나 전동차처럼 무겁고 큰 것의 운동을 제동하는 데
에도 쓰이고 있다. 정거장의 플랫폼에서 전동차를 보고 있으면
바퀴의 바깥쪽에 디스크가 보이므로 곧 알 수 있다.

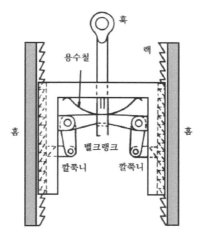

〈그림 10-3〉 오치스의 안전정지장치

엘리베이터의 낙하방지

엘리베이터는 많은 사람을 태우고 높은 건물을 오르내리고 있다. 엘리베이터의 상자에는 로프가 매어져 있어, 이 로프로 끌어올렸다 내렸다 하며 상자를 오르내리게 하고 있다.

로프가 끊어지는 일이 있을까? 절대로 끊어지지 않는다고는 말할 수 없으므로, 만일 끊어졌을 경우를 대비해 상자의 낙하를 방지하는 장치가 되어 있다. 사람을 태우는 엘리베이터나 물건을 싣고 운반하는 엘리베이터도 다 낙하방지장치가 달려 있다. 움직이는 것을 정지시키는 장치의 일종인 낙하방지장치도 여러 가지가 고안되어 실용화되고 있다.

〈그림 10-3〉은 '오치스의 안전정지장치'라 불리는 것으로 훅 (Hook)에 매달린 상자 속에 낙하방지장치가 들어 있다. 그리고 매달려 있는 상자는 양쪽 홈을 따라서 오르내리게 되어 있다.

162

훅에 걸려 있는 로프가 끊어졌을 경우에는 용수철이 벨 크랭크
를 눌러 벨 크랭크의 끝에 붙어 있는 깔쭉니가 양쪽에 있는 랙

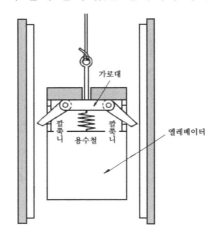

〈그림 10-4〉 보닛의 낙하방지장치

과 맞물려 상자의 낙하를 순간적으로 방지한다.

〈그림 10-4〉는 보닛(Bonnet)의 낙하방지장치라고 불리는 것
이다. 이것은 엘리베이터 상부에 있는 가로대에 로프가 매어져
있다. 로프가 끊어졌을 때는 용수철에 의해서 이 가로대가 아
래쪽으로 끌어당겨 좌우의 깔쭉니가 열리면서 측면에 있는 도
리에 걸려 엘리베이터의 낙하를 방지하게 되어 있다.

이와 같이 낙하를 방지하는 장치에도 여러 가지가 있다. 여
러분도 낙하방지의 아이디어를 한번 생각해 보면 어떨까.

신형 제네바 기구

제네바 기구의 가장 기본적인 것은 〈그림 2-41〉에서 살펴봤
다. 구동차 A가 일정 속도로 회전하면, 구동된 C가 종동차 B

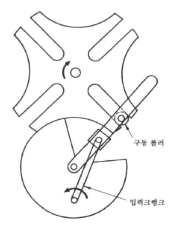

〈그림 10-5〉 슬라이더 크랭크 기구와 조합한 제네바 기구

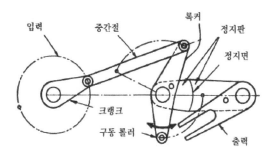

〈그림 10-6〉 지렛대 크랭크 기구를 이용한 제네바 기구

의 홈과 맞물려서 B를 회전시킨다. 핀이 홈에서 나오기까지 B
는 회전한다. 핀이 홈 밖에서 돌고 있을 때는 A의 원호 부분이
B의 원호부를 접동하고, 종동차 B는 멈춰 있다.

일반적으로 종동차의 홈의 수를 n개라고 하면, 구동차가 1회
전하면 종동차는 n분의 1회전씩 간헐적으로 회전한다.

가령 〈그림 2-41〉처럼 홈의 수가 6개인 제네바 기구에서는

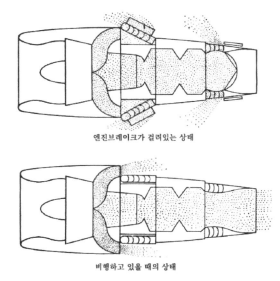

엔진브레이크가 걸려있는 상태

비행하고 있을 때의 상태

〈그림 10-7〉 제트엔진의 역추진력장치. 비행하고 있을 때와는 반대로 하여
브레이크를 건다

종동차 B의 홈이 수평을 이루는 각(角) 30°의 위치에서 핀과
물리기 시작하고, 종동차 B가 60° 회전하면 핀이 홈에서 벗어
나고 B가 정지한다.

구동차가 1회전하는 동안 120°는 종동차를 회전시키지만, 나
머지 240°를 회전하는 동안에 종동차는 원호의 맞물림으로 정
지해 있다. 홈의 수 n은 이론적으로는 셋 이상이 아니면 안 되
지만 많은 데는 제한이 없다. 그러나 실제로 제작되어 실용화
되고 있는 제네바 기구에서는 홈의 수가 12까지 있다.

제네바 기구는 가장 간단하게 간헐운동을 하게 하는 것으로
널리 쓰이고 있다. 또 치차, 캠, 링크 등을 조합해서 정지 시간
을 길거나 짧게 하거나 하는 연구를 한 새로운 형의 제네바 기

구가 여러 가지로 만들어지게 되었다. 〈그림 10-5〉, 〈그림 10-6〉은 링크장치와 조합한 정지 시간을 두드러지게 길게 한 제네바 기구의 예이다.

제트기의 경우

제트기처럼 아주 크고, 고속으로 나는 것이 착륙할 때는 어떻게 해서 브레이크를 거는 것일까?

제트기를 타본 사람은 착륙 시 활주로에 다리바퀴가 닿으면 이윽고 제트의 분사하는 소리가, 공중을 날고 있을 때와는 달라진 것을 알아챌 것이다. 그것은 제트를 후방으로 분사하던 것을 착륙과 동시에 기수가 있는 전방으로 역분사하기 때문이다. 커다란 비행기가 고속으로 착륙하기 때문에 빨리 속도를 줄이지 않으면, 활주로 밖으로 빠져나가게 되므로 이같이 제트 분사의 힘을 강력한 브레이크로 사용하는 것이다.

실린더 자물쇠

현대사회에서 자물쇠와 열쇠는 절대적으로 필요한 존재가 되었다. 사무실이나 호텔방의 도어는 방 안에 아무도 없을 때 자물쇠를 채워놓는 것이 당연한 일이 되었다. 또 개인의 주택에서도 출입구의 도어에는 반드시 자물쇠가 달려 있어, 집을 비울 때와 야간에는 쇠를 잠그는 것이 상식이 되었다.

현재 사용되고 있는 자물쇠는 실린더정이라는 것으로, 열쇠를 복제하는 것 이외에는, 맞는 열쇠를 쉽게 만들 수 없는 물건이다. 전에는 실린더정을 발명자의 이름을 따서 예르정이라고 했었다. '예르'라는 사람이 1848년에 이 자물쇠를 발명했기

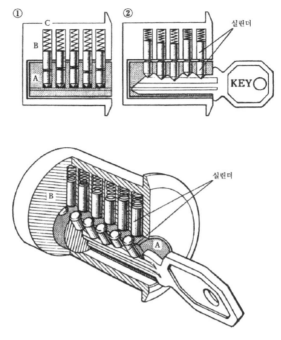

〈그림 10-8〉 실린더정의 내부

때문이다.

　도어 쪽에 붙어 있는 자물쇠는 도어에 고정되어 있는 부분 B와 회전할 수 있는 원통 A로 이루어져 있다. 이 A와 B, 양쪽에 원통형의 구멍이 몇 개 뚫려 있고, 그 속에 실린더와 스프링이 들어 있다. 이 실린더는 각기 두 개로 분할되어 있고 길이가 다르다.

　도어가 잠겨 있어 열리지 않는 상태에서는 실린더가 ①처럼 되어 있다(그림 10-8). 즉 실린더는 원통 내에서 A와 B의 양쪽에 걸려 있어서, A는 B 속에서 회전할 수 없게 되어 있다. 밖에서

열쇠를 열쇠구멍에 넣으면, 열쇠에 새겨 있는 들쭉날쭉한 실린더
가 밀려 올려지고, 각 실린더의 단면이 일직선으로 가지런해진
다. 이렇게 되면 A의 원통은 B 속에서 회전할 수가 있고, 도어
에 붙어 있는 돌기가 끌려 들어가서 도어가 열리게 된다.

   즉 열쇠에 새겨 있는 들쭉날쭉한 모양에 의해 실린더의 전체
단면이 일직선이 되지 않으면 도어가 열리지 않게 되는 것이
다. 따라서 열쇠의 들쭉날쭉한 모양이 하나라도 맞지 않으면
그 부분의 실린더가 A와 B의 양쪽에 걸리게 되므로 도어를 열
수가 없다.

   이 실린더정은 이미 '예르'보다 전에 '브럼'이라는 영국 사람
이 고안해서 제작하고 있었다. 1784년의 일이니까 예르보다
60년이나 전의 일이다. 브럼의 자물쇠는 원리는 예르의 것과
큰 차이가 없으나 구조는 약간 미숙한 데가 있었다. 그러나 당
시로서는 매우 뛰어난 아이디어의 자물쇠여서, 브럼은 이 자물
쇠를 피카디리에 있던 상점의 쇼윈도에 내놓고, 이 "자물쇠를
연 사람에게는 200파운드를 드립니다."라고 자신을 과시했었다
고 한다.

   이 자물쇠는 훨씬 뒤인 1851년에 미국의 기술자가 각종 공
구를 사용해서 16일 동안이나 걸려서 겨우 열 수 있었다는 에
피소드가 전해지고 있다.

   현재, 이 브럼의 자물쇠는 런던의 과학박물관에 보존되어 있
다. 현대사회에서와 같은 열쇠의 범람은 하나는 인간끼리의 불
신감의 표상이며, 더욱더 실린더정의 수요가 늘어난다니 참으
로 슬픈 일이 아닐 수 없다.

11. '치차'를 가진 기계

수차의 보급과 치차

인간 생활에 있어서 가장 중요한 식량 중 하나인 곡식은 그대로는 먹기 어려우므로, 그것을 맷돌에 갈아서 가루로 만들어 식료품으로 하는 방법을 연구해 왔다.

우리가 자연의 힘을 이용해서 생활에 활용한 최초의 에너지원은 수차를 통해 얻었다. 물레방앗간에서는 제분기가 돌아가며 곡식이 쌓였다. 유럽에는 이르는 곳마다 제분소가 건설되고, 수차가 설치된 것은 6, 7세기에서 10세기 무렵에 걸쳐서였다.

동력으로서의 수차는 매우 요긴했다. 제분용 맷돌을 돌릴 뿐만 아니라 광석을 분쇄하는 해머(Hammer)를 움직이는 데도 쓰였다. 대장간에는 금속을 가열하기 위한 화덕이 있었다. 이 화덕에 공기를 보내는 송풍기도 수차로 움직였다. 가열되어 연하게 된 철재를 두들기는 해머까지도 수차로 움직였다. 나아가서는 방적기계니 포신(砲身) 속통을 도려내는 선반기도 수차로 움직였다.

중세 시대에 기계는 물방앗간을 중심으로 발달했다. 수차의 회전운동을 그대로, 또는 왕복운동으로 바꾸어 그것을 동력원으로 삼아, 모든 것을 움직이게 여러 가지 기계장치가 연구되었다. 제분용 맷돌은 수평 방향으로 회전시켜 곡식을 빻았다. 수차의 회전축은 수평이었으므로, 수차로 제분용 맷돌을 돌리려면 수차의 축의 회전을 수직축의 회전으로 바꿀 필요가 있었다.

그것을 위해 만들어진 것이 치차였다. 치차라고는 하지만, 처음에는 나무 원판 둘레에 작은 나무막대를 맞춘 것이었다. 두 개의 치차의 축을 수직으로 맞물리면, 한쪽 축이 회전 방향을 수직 방향으로 바꿀 수가 있다. 또 이의 수를 여러 가지로 바

〈그림 11-1〉 수차의 회전을 치차로 전달해 간다

꿈으로써 한쪽 축의 회전을 빠르게도 느리게도 해서, 다른 축에 힘을 전달할 수 있다. 원판에 작은 막대를 맞춘 것은 그 이가 약해서, 맞물려서 회전하는 동안에 부서져 버려서 이윽고 원판 둘레에다 이를 파게 되었다. 이렇게 하면 이는 원판과 한 몸이 되어 있으므로 막대를 맞춘 것보다는 훨씬 튼튼했다.

와트의 유성치차장치

제임스 와트가 증기기관을 발명한 것은 1780년쯤이었는데, 이 증기기관은 동력의 혁명이었고, 기술 역사상 대발명이었다.

전에는 수동이었던 방적기계나 직물기계가 산업의 발달에 따라 수차를 써서 움직이게 되었다. 그러나 증기기관이 발명되자 수동이나 수차를 대신해서 이 편리하고 강력한 동력기계인 증기기관이 채용되어 널리 보급되어 갔다.

증기기관은 처음에는 광산이나 탄광에서 지하수를 배수하여 펌프를 가동하는 데 사용되었다. 또 철공소에서 화덕에 쓰이는 풀무를 움직이는 데도 사용되었다. 이것들은 모두 왕복운동을 이용하면 되었다. 즉 피스톤의 운동을 그대로 전달하면 되었던 것이다. 방적기계나 직물기계를 설치한 공장이 도처에 세워지자, 기계들을 증기기관으로 움직이려 했으나 방적기계를 움직이게 하려면 회전운동이 필요했다.

그래서 와트는 증기기관의 피스톤의 왕복운동을 회전운동으로 바꾸는 장치를 하려고 생각했다. 그러자면 크랭크를 이용하면 가장 간단하다는 것을 그는 잘 알고 있었다.

그러나 크랭크를 이용하지 않고, 유성치차장치로 한 경위는 위에서 말한 바와 같다. 와트의 충실한 조수였던 '마독'의 시사에 따라 와트는 유성치차장치를 고안했다고 전해지고 있다. 와트는 증기기관의 피스톤이 왕복운동을 회전운동으로 바꾸는 데 두 개의 치차를 조합함으로써 이것을 실현했다.

어떻게 했느냐 하면, 〈그림 11-2〉와 같이 왕복운동을 하는 막대 A의 끝에 치차 B를 고정하고, 큰 바퀴의 중심에 장치한 치차 C와 맞물리게 해서, 치차 B, C의 중심축을 다른 링크로

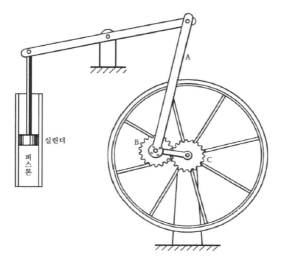

〈그림 11-2〉 와트의 유성치차장치. 치차를 써서 왕복운동을 회전운동으로
         바꾸었다

연결한 것이다.

치차 B는 치차 C와 맞물려서 C의 둘레를 회전한다. 치차 B
의 회전과 더불어 치차 C도 회전한다. 그리고 치차 B의 1회전
으로써 치차 C는 2회전을 한다.

백 원짜리 동전 두 개를 접촉시켜 위의 동전을 꽉 눌러서
100이라는 글자가 늘 제자리를 바꾸지 않게 해서 아래 동전의
둘레를 돌려본다.

이때 아래에 있는 동전은 중심 위치를 움직이지 않게 해둔
다. 위의 동전이 아래 동전의 둘레를 도는 데 따라서, 아래 동
전은 자전할 것이다. 그리고 위의 동전이 아래 동전의 둘레를
일주하면, 아래 동전의 100이란 글자는 2회전 한다. 이때 두
개의 동전은 서로 접촉하고, 더구나 접촉점에서 미끄러지지 않

174

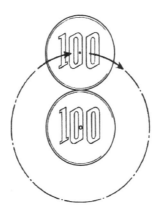

〈그림 11-3〉 바깥쪽이 1회전하면 중간측은 2회전한다

게 해야 하는 것은 당연하다. 한 치차 둘레를 다른 또 하나의 치차가 돌아가므로 이것을 유성치차장치라고 부른다.

유성치차에서의 '회전의 계산'

〈그림 11-4〉와 같이 치차 A와 치차 B를 맞물리고 각 치차의 축을 막대 C로 연결한다. 치차 A를 고정하고 치차 B를 치차 A의 둘레에 반시계 방향으로 1회전했을 때, 치차 B는 몇 회전하는가를 계산해 보자.

회전 방향은 반시계 방향과 시계 방향 두 가지가 있으므로, 이것에 부호를 붙이면 알기 쉽다. 이제 반시계 방향을 +(플러스), 시계 방향을 -(마이너스)라고 한다. 막대 C를 반시계 방향으로 1회전시킬 경우에는 막대 C의 1회전을 +1로 적는다.

(1) 처음에 이 장치 전체를 고정하고, 즉 A, B, C는 상대적으로 움직이지 않게 하고, A의 중심 O_1를 반시계 방향으로 1회

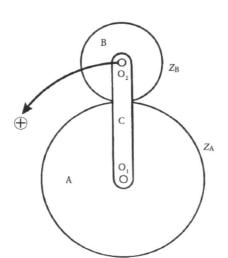

〈그림 11-4〉 유성치차의 회전 계산

전한다. A도 B도 C도 +1이다.

　(2) 다음에는 막대 C를 고정하고 치차 A를 시계 방향으로 1회전해서 처음 상태로 되돌린다. 이때 A는 -1이다. A를 1회전하면 A에 맞물려 있는 B도 O_2의 둘레를 회전한다. 치차 A의 이의 수를 Z_A, 치차 B의 이의 수를 Z_B라고 하면, A의 1회전에 따라 B는 $\dfrac{Z_A}{Z_B}$ 회전을 한다. 치차 B의 회전 방향은 반시계 방향이다. 즉 $\dfrac{Z_A}{Z_B}$가 된다.

　(3) 전체를 고정시켰을 때와 막대를 고정시켰을 때의 각 치차의 회전을 합치면, 치차 B의 회전수가 구해진다. 이것을 정리하면 〈표 11-1〉과 같다.

　〈그림 11-4〉에서 치차 A를 고정시켜서 생각했는데, 치차 A

176

〈표 11-1〉 유성치차에서의 회전 계산

	C	A(Z_A)	B(Z_B)
(1) 전체고정	+1	+1	+1
(2) 막대고정	0	-1	$+\dfrac{Z_A}{Z_B}$
(3) 합성회전	+1	0	$1+\dfrac{Z_A}{Z_B}$

치차 B의 회전수는 $1+\dfrac{Z_A}{Z_B}$ 이다.

〈표 11-2〉 치차 A도 회전할 경우의 회전수 계산

	회전수	톱니수
치차 A	N_A	Z_A
치차 B	N_B	Z_B
막대 C	N_C	

	A	B	C
(1) 전체를 고정, C를 N_C회전	N_C	N_C	N_C
(2) 막대 C고정, A를 (N_A-N_C)회전시킨다	N_A-N_C	$(N_A-N_C)(-\dfrac{Z_A}{Z_B})$	0
(3) 합계하여	N_A	$(1+\dfrac{Z_A}{Z_B})\ N_C-\dfrac{Z_A}{Z_B}N_A$	N_C

에도 회전을 시켰다고 한다면, 치차 B는 치차 A와 막대 C의 두 가지 영향을 받는다. 이와 같이 했을 때를 '차동치차'라고 부른다.

치차 A에 회전을 부여할 경우의 회전수의 계산 방법도 위와 같은 순서로 하면 된다. 〈그림 11-4〉에서 치차 A, B, 막대 C의 회전수를 각각 N_A, N_B, N_C로 하고, 치차 A, B의 이의 수를 각각 Z_A, Z_B로 했을 때, 회전수의 계산은 다음 표와 같다(표 11-2).

한 축으로부터 다른 회전을 전달하는 '차동치차'

옛날에는 두 바퀴나 네 바퀴 차가 만들어져서 짐을 운반하는 데 쓰였다. 한 개의 축 양 끝에 바퀴를 장치한 이륜차는 똑바로 움직일 때는 잘 움직이지만, 커브 길에 왔을 때는 잘 움직일 수가 없다. 축에 고정된 바퀴는 동일 회전수로밖에는 돌 수 없기 때문에 커브를 돌 때는 어느 한쪽 바퀴가 슬립(Slip)하기 때문이다. 차축에 고정하지 않고 축과는 관계없이 좌우 양쪽의 바퀴가 돌아가게 하면, 커브를 돌 때는 안쪽 바퀴보다 바깥 바퀴가 빨리 회전하기 때문에 슬립하는 일 없이 돌 수가 있다.

사륜자동차가 만들어지고, 이것을 한 개의 엔진의 회전으로 움직이게 하려 하자, 한 개의 회전축으로부터 좌우의 바퀴로 다른 회전을 전달할 연구가 필요하게 되었다.

커브를 돌 때는 안쪽 바퀴보다 바깥 바퀴가 빨리 돌아가지 않으면 쉽게 커브를 돌 수가 없다.

자동차의 바퀴는 축으로 연결되어 있을 터인데도, 커브를 돌 때는 좌우 바퀴의 회전수가 다른 것은 어째서일까?

이것을 멋지게 해결한 것이 바로 차동치차이다. 〈그림 11-5〉처럼 두 개의 바퀴를 연결하고 있는 축의 중간에 차동치차가 쓰이고 있다. 엔진으로 돌려지는 하나의 축의 회전을 차동치차

178

〈그림 11-5〉 차동치차 장치

장치는, 두 개의 좌우의 바퀴를 각각 다른 회전수로 돌려서 동력을 전달할 수가 있다.

자동차에 쓰이고 있는 차동치차

자동차에 쓰이고 있는 디퍼렌셜 기어(Differential Gear)는 차동치차 장치이다.

평치차 D 속에 베벨 기어(Bevel Gear) B가 물려 있다. B의 축은 평치차 D의 축과는 직각을 이루고 있다. 이 B에 베벨 기어 A, C가 맞물려 있는 장치를 생각해 보자. 또 A, C의 축은 평치차 D의 축에는 고정되어 있지 않다.

평치차 D를 정지시켜 놓고 베벨 기어 A를 회전시키면 베벨 기어 B가 회전하고, B와 물려 있는 C도 회전한다. 이때 A의 회전수와 C의 회수는 같으나 회전 방향은 반대가 된다.

그리고 A를 동일한 방향으로 일정하게 회전시켜 두고, 평치차 D를 회전시킴으로써 C를 좌우 어느 쪽으로도 여러 속도로

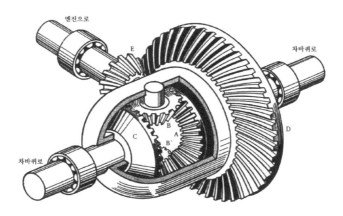

〈그림 11-6〉 자동차에 쓰이고 있는 차동치차

회전시키거나 정지시킬 수도 있다.

　자동차에 사용되어 있는 차동치차는 이것과 같은 것이다. 다만 평치차 D 대신 베벨 기어가 쓰이고 있다(그림 11-6).

　엔진의 회전은 베벨 기어 E에 의해 D로 전달된다. D의 축에 직각으로 붙어 있는 축 위에 베벨 기어 B, B′가 있다. 이 B, B′에서 A, C로 회전이 전달되고 A, C의 축 끝에 바퀴가 달려 있다.

　자동차가 똑바로 진행하고 있을 때는 A와 C의 회전수는 같다. 그 회전수는 D와 같다. 이때 두 베벨 기어 B, B′는 자기의 축 주위로는 회전하지 않는다. 자동차가 커브를 돌 때는 바깥 바퀴는 안쪽 바퀴보다 많이 회전하지 않으면 안 된다. D의 회전은 일정하므로 바깥 바퀴(A 쪽으로 한다)의 회전수가 증가한 몫만큼 안쪽 바퀴(C쪽으로 한다)가 감속되어 바퀴가 미끄러지지 않고 커브를 돌 수 있다. 이때 B와 B′는 서로 반대 방향으로 회전한다.

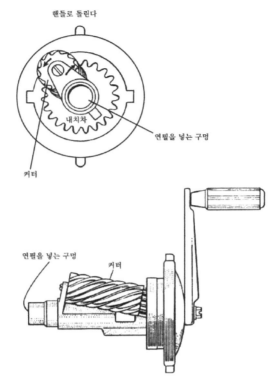

<그림 11-7> 연필깎이에도 차동치차가 쓰이고 있다

연필깎이

연필깎이도 유성치차를 응용한 것이다. 원통 둘레에 나선 모양으로 칼날이 달려 있는 커터에 연필을 뱅글뱅글 회전시켜 연필 끝을 깎게 되어 있다.

원통형 커터의 한쪽 끝에 치차가 달려 있고, 이 치차가 고정된 또 하나의 다른 치차와 맞물려 있다. 고정된 치차는 안쪽으로 이가 새겨져 있는 '내치차'이다.

핸들을 돌리면 여기에 달려 있는 막대가 돌고, 이 막대는 커터의 중심을 받치고 있으므로 커터도 돌아간다. 커터는 거기에 붙어 있는 치차가 내치차와 맞물려 있으므로 커터 자체도 돌아간다. 즉 커터는 중심축의 둘레를 회전하는 동시에 자기 자신도 회전하는 유성치차인 것이다. 이 유성치차 축에 직결되어 있는 커터가 자전하면서 연필 둘레를 공전하는 것이다.

체중 저울

문명이 발달하고 생활이 풍부해지면, 음식도 과식할 염려가 생긴다. 소모하는 에너지보다 지나치게 먹으면 살이 쪄서 건강상 좋지 않다. 살이 찌는 것을 쉽게 알려면 체중을 달아보면 된다. 대부분의 가정에는 간단히 체중을 다는 장치가 보급되어 있다.

이 체중을 다는 장치는 지렛대, 스프링, 랙, 피니언으로 이루어져 있다.

네 구석에 지지점이 있는 튼튼한 지렛대가 있고, 저울 뚜껑 뒤에는 돌기가 있으며, 체중은 이 지지점 가까이에 걸리게 되어 있다. 그것은 이 저울 위에 올라섰을 때, 뚜껑의 진동을 작게 하기 위해서다. 저울 위에 올라갔을 때, 발밑의 받침대가 크게 움직이면 곤란하기 때문이다. 지렛대에 걸린 힘은 모두 C를 통해서 B에 있는 스프링을 잡아당긴다. 스프링이 펴지면 지렛대의 선단 A는 아래로 내려간다.

판 P는 랙 끝에 걸려 있다. 랙은 스프링으로 늘 왼쪽으로 끌어당겨져 있다. 그 때문에 판 P는 A가 처지면 지지점 O의 둘레

182

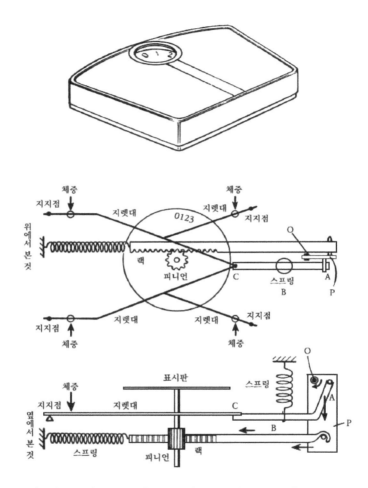

〈그림 11-8〉 체중 저울의 눈금은 랙과 피니언으로 움직인다

를 회전하고, 랙은 왼쪽으로 움직인다. 그러면 랙에 물려 있는 피니언이 돌아가서 체중을 표시하고 있는 원판이 회전하게 된다. 그리하여 이 원판에 쓰여 있는 숫자를 위에서부터 보고 체중을 알게 되는 것이다.

그때 표시판에 쓰여 있는 숫자 영을 위에서부터 봤을 때, 기준선과 똑바로 일치하지 않으면 체중을 바르게 읽을 수 없기 때문에, 지렛대의 한 점 B를 당기고 있는 스프링을 상하로 움직여서 0의 위치를 조절하게 되어 있다. 저울의 측면에 조절용 손잡이가 나와 있으므로, 그것을 손으로 움직이면 숫자 0이 좌우로 움직이므로 때때로 조절해서 체중을 재도록 하는 것이 좋다.

스톱워치

스톱워치는 시계의 일종이라고 할 수 있으나, 몇 초라고 하는 짧은 시간을 측정하기 위한 측정기이기도 하다. 〈그림 11-9〉에서 본 것은 어린이 장난감으로 시판되고 있는 스톱워치이다. 상부의 꼭지를 누르면 째깍째깍하며 지침이 진짜 스톱워치처럼 움직이는 장난감이다.

이 작은 장난감 속에는 치차, 지렛대, 깔쭉니와 깔쭉톱니바퀴, 스프링, 조속기, 강기차, 앵커 등 기계에 있어서 가장 중요한 것들로 조합되어 있다.

중심의 축 1에 지침이 달려 있는데, 축 1을 왼쪽으로 돌리면 치차 2가 오른쪽으로 돌아가고, 스프링이 펴진다.

축 1을 감고 있는 손을 떼면, 스프링이 되돌아가는 힘으로 치차 2가 왼쪽으로 돌아가고, 1을 오른쪽으로 돌린다.

치차 1에 달려 있는 깔쭉니는 치차 3을 돌린다. 치차 4, 5에 의해서 강기차가 돌아가는 기구이다. 강기차에는 앵커 6이 물려 있다.

앵커에 달린 두 개의 깔쭉니는 번갈아 가며 강기차와 맞물려서 앵커가 왕복운동을 한다. 그 운동으로 조속기를 좌우로 움

184

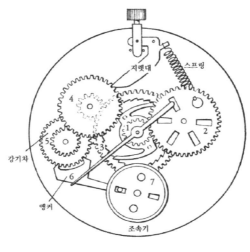

〈그림 11-9〉 스톱워치

직이게 한다.

　조속기 7이 좌우로 흔들려 앵커에 의해 강기차의 이가 하나
씩 보내져 축 1의 회전속도를 조절하고 있다.

　강기차, 앵커, 조속기의 조합은 보통 시계와 원리적으로는
같다.

　축 1을 돌려서 태엽을 감고, 스프링이 펼쳐진 상태로 하더라
도, 지렛대 끝이 치차 4의 이를 누르고 있으므로 이 스톱워치
는 움직이지 않는다. 상부의 꼭지를 손가락으로 누르면, 지렛대
끝이 치차 4의 이에서 벗어나게 되므로 움직이기 시작한다. 그
리고 꼭지에서 손을 떼면 스프링의 힘으로 지렛대 끝이 치차 4
와 맞물리게 되어 정지하게 되어 있다.

　여기서 볼 수 있는 메커니즘은, 일정 속도로 하려 할 때 흔
히 쓰이는 것이므로, 자동적으로 움직이게 하는 데에 널리 이

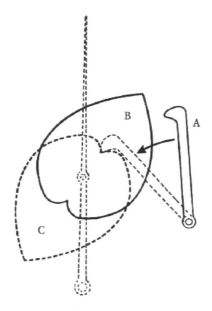

〈그림 11-10〉 스톱워치의 복침장치

용되고 있다.

단시간 측정용으로서 일반적으로 쓰이고 있는 스톱워치는 꼭지를 누르면, 첫 번째로는 지침이 움직이기 시작하고, 두 번째에서 지침이 멎고, 세 번째는 지침이 0의 원위치로 돌아가게 되어 있다.

0으로 되돌리는 데는 〈그림 11-10〉처럼 하트형의 캠이 쓰이고 있다. 지침은 하트 캠에 고정되어 있어, 캠이 B의 위치에서 정지했다고 하면, 꼭지를 누르면 막대 A가 캠의 윤곽을 눌러, 캠이 회전하고 A의 선단이 캠의 골로 들어간 데서 정지한다.

캠이 어느 위치에 있건, 막대 A에 눌려 늘 C의 위치에서 정지하게 되어 있다.

12. 영구기관을 화제로 삼아

영구운동에 도전

a. 아르키메데스의 양수기

시멘트와 같은 가루 상태로 된 것을 수송하는 데에 스크루 컨베이어(Screw Conveyer)라는 것이 있다.

삽으로 퍼서 던지면 수고가 크지만, 스크루 컨베이어는 연속적으로 운반할 수 있으므로, 시간이 짧아지며 수고를 덜 수 있다.

이것은 나사산이 예리하게 높게 만들어진 일종의 나사이며, 이 나사의 회전에 의해 나사산 사이에 들어간 가루가 차츰차츰 한쪽으로 이동해 가므로, 현재 분체의 수송용으로 널리 쓰이고 있다.

이러한 나사를 고안해서, 물을 낮은 곳에서 높은 곳으로 퍼 올리려고 한 사람이 아르키메데스(Archimedes, B.C. 287~212)였다고 전해지고 있다. 아르키메데스는 기원전 3세기 무렵, 그리스에서 활약한 과학자이다. 그가 왕관이 순금으로 만들어졌느냐 아니면 은이 섞였느냐를, 왕관에 흠을 내지 않고 조사하라는 명령을 받고, 부력의 원리를 발견한 것은 너무도 유명하다. 이를 발견했을 때, 부르짖은 그리스 말 '유레카(알았다)'는 무엇을 발견했다는 것을 알리는 말로서 그 후에도 오랫동안 쓰이고 있다.

아르키메데스의 나사를 그린 그림 중에 흥미로운 것이 하나 있다. 〈그림 12-1〉에서 아르키메데스의 나사 밑부분을 물에 담가놓고, 나사의 회전에 따라 물이 올라가서 위에 있는 탱크에 부어지고 있다. 탱크에 고인 물은 탱크에 달려 있는 출구에서

〈그림 12-1〉 아르키메데스의 양수기

아래로 흘러 떨어지고 그 수차를 회전시키며 그 수차의 축에
장치된 치차로 다시 나사의 축에 운동을 전달해서 나사를 회전
시키고 있다. 나사가 회전하면 물은 아래에서 위의 탱크로 길
어 올려지고, 그것이 또 낙하해서 수차를 회전하게 되는 것으
로, 이것은 영구히 운동이 계속되는 기구로 되어 있다.

　　그러나 실제로는 그처럼 잘될 리가 없으며, 계속해서 영구적
인 운동을 한다는 것은 불가능한 일이다.

　　외부로부터 아무런 손을 대지 않고, 영구히 운동을 계속하는

190

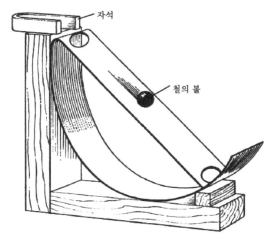

〈그림 12-2〉 자석의 이용

기계장치를 만들려고 시도한 일은, 고대 때부터 많이 있었다.
얼핏 보기에 움직일 것 같은 좋은 연구도 있기는 하지만, 모두
불가능하다는 사실을 모르는 사람은 없을 것이다.

　많은 사람들이 영구운동을 하는 기계를 만들 수 없을까 하고
연구를 거듭해 왔으나, 모두 실패로 돌아갔다. 그러나 그런 것
을 만들려고 고심한 과정에서 실용이 된 다른 기계를 발명했다
는 사람도 많이 있었다.

b. 자석의 이용

　자력을 이용한 영구운동은 그리 많이 고안되지는 않았으나
〈그림 12-2〉에서 본 것은 그것 중 하나이다.

　자석은 아래쪽에 있는 쇠구슬을 끌어당기므로 구슬은 비탈을
올라간다. 자석에 다다르기 조금 앞에 비탈에 구멍이 뚫려 있어

구슬은 거기서 아래로 떨어진다. 떨어진 구슬은 휘어 있는 판을 따라 구른다. 탄력이 붙은 구슬은 오른쪽 끝에서 튀어나가 곧은 판 아래에 실린다. 그렇게 되면 위의 자석의 힘으로 끌어 올려져서 다시 구멍에서 떨어지기를 반복하며 구슬은 뱅글뱅글 언제까지고 돌아간다고 한다. 이 같은 것은 실제로 만들어 보면 매우 재미있다. 영구운동은 불가능하기 때문에 어딘가에서 괴상한 일이 일어나는 것을 실제로 알 수 있기 때문이다.

c. 부력의 이용

물체를 물속에 넣으면, 부력이 작용한다는 것은 누구나 알고 있다. 이 부력을 이용해서 언제까지고 계속 운동하는 장치를 생각한 사람이 있다.

쇠 볼을 몇 개 연결해서 활차에 걸고, 드리워진 한 부분을 물속에 담갔을 때, 물속에 잠긴 볼에는 부력이 작용하므로, 왼쪽보다 오른쪽이 가벼워져서 이 쇠 볼의 바퀴가 화살표 방향으로 회전을 계속한다는 것이다. 쇠 볼이 아닌 나무 볼로 하면, 물에 잠긴 나무 볼은 떠오르려고 하면서 위쪽으로 움직이므로 한층 더 잘 돌아가게 될 것이다.

또 두 개의 활차에 벨트를 걸치고, 거기에 몇 개의 상자를 단다. 상자 속에는 비닐처럼 부드러운 것으로 덮개를 하고, 그 중앙에 추를 달아둔다. 이 장치 전체를 물탱크 속에 넣었다고 하자.

왼쪽 부분은 추로 인해 상자 속의 용적이 넓어지고, 오른쪽 부분에서는 상자 속의 용적이 작아진다. 따라서 왼쪽에 있는 상자의 부력은 오른쪽에 있는 상자의 부력보다 크므로, 이 장

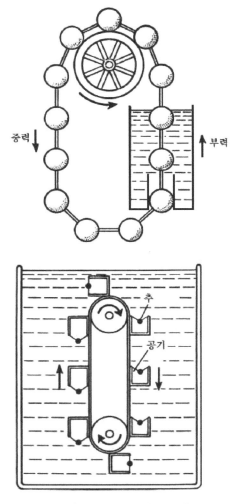

중력

부력

추

공기

〈그림 12-3〉 부력을 이용한 영구운동

치에서 왼쪽 상자는 상승하고, 오른쪽 상자는 하강한다. 그리고 언제까지나 이 상태가 계속되어 영구운동을 계속하게 된다.

'영구운동은 불가능'이라는 것은 분명하기 때문에 이와 같은 장치는 실제로는 불가능하지만, 그 이유를 정확하게 설명한다는 것은 매우 곤란하다.

따라서 영구운동은 불가능하다는 것을 알고 있지만, 어쩌면 가능할 수도 있지 않을까? 어떤 기발한 장치를 만든다면, 어쩌면 가능할지 모른다는 생각이 현재도 사람들의 머릿속 어딘가에 있는 듯 생각된다.

영구운동, 혹은 영구운동에 가까운 장치를 연구하는 사람은 아직도 끊이지 않는다. 이것은 혹 놀이일지도 모르지만 속임수를 간파하는 즐거운 놀이가 아닐까?

d. 모세관 현상

가느다란 유리관을 세워 하단을 물에 담그면 유리관 속으로 물이 올라간다. 그것은 어느 정도 올라가다가 멈춘다.

이것은 모세관 현상이라는 현상으로서 이것을 모르는 사람은 아마 없을 것이다. 세숫대야에 물을 담아, 마른 타월을 펴서 한쪽 끝을 물속에 담그고, 다른 한쪽 끝을 세숫대야 밖으로 내놓으면, 몇 시간쯤 지난 뒤에는 타월이 축축이 젖어 있다. 그때 물은 타월의 실이 가느다란 간극을 타고 올라가서 세숫대야의 가장자리를 넘어 바깥으로 나간다.

그릇의 바닥에서 가느다란 관을 내어서, 그것을 위쪽으로 구부리면 그릇 속의 물은 모세관 현상으로 가느다란 관 속을 타고 올라가서 상부의 주둥이에서 흘러 떨어지므로, 여기에 수차

194

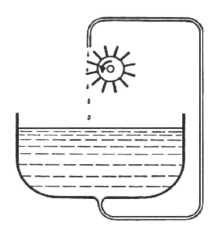

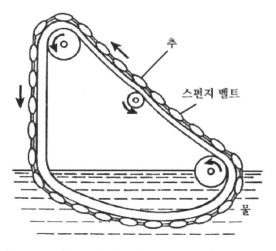

〈그림 12-4〉 모세관 현상을 이용한 영구운동

를 장치해 두면, 이 수차는 언제까지고 돌아가겠지… 하고 생
각한 사람이 있었다. 이것은 실험해 보면 곧 알 수 있지만, 가
느다란 위 주둥이로부터 물은 흘러 떨어지지 않는다.

19세기 초, 모세관 현상을 이용해서 영구히 움직일 수 있는
장치를 생각한 사람이 있어, 이것에 대한 특허까지 땄다. 스펀
지로 벨트를 만들어 두 개의 바퀴에 감고, 아래쪽을 물에 담근
것으로 벨트 위에는 추를 연결한 것이 얹혀 있다. 왼쪽 수직
부분의 벨트는 모세관 현상으로 아래쪽 물을 빨아올려 물이 포
함된다. 오른쪽 경사 부분의 스펀지에 포함된 물은 그 위에 얹
혀 있는 추에 눌려서 물이 빠지고 그 부분의 스펀지에 흡수된
수분이 없어진다. 따라서 왼쪽 수직 부분은 오른쪽 경사 부분
보다 무거워지므로 스펀지의 벨트는 화살표 방향으로 계속 움
직이는 것이다. 어디가 이상한지 알겠는가?

스털링 엔진

동력용 엔진으로서 내연기관은 현재 자동차와 철도차량 견인
용, 그리고 선박 등에 널리 쓰이고 있다.

최근 그 내연기관의 배기가스에 의한 대기오염이 문제가 되
어 유해가스의 배출량이 적은 엔진의 연구가 활발해졌다. 그런
데 내연기관이란 실린더의 내부에서 연료를 연소시키는 것인
데, 이것에 대해 실린더 속이 아니고 바깥에서 연소시키는 '외
연기관'이라는 것이 있다. 가장 잘 알려진 기관은 증기기관일
것이다.

그 외연기관의 하나로 '스털링 엔진(Sterling Engine)'이 있다.
이 엔진은 연료는 무엇이라도 괜찮다는 것과 실린더 밖에서 연

196

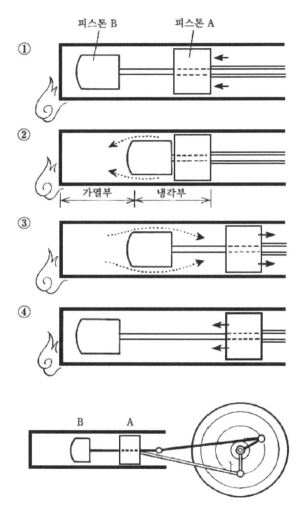

〈그림 12-5〉 스털링 엔진의 원리

소시키므로 그 컨트롤이 용이하다는 이유로 주목받고 있다. 연료는 등유, 액화, 천연가스, 액체수소는 물론이고, 장작, 짚, 타는 쓰레기도 좋고, 태양열도 괜찮다고 한다.

실린더와 피스톤으로 이루어져 있는 스털링 엔진의 원리는 실린더 속에 압축된 기체를 외부에서 가열해서 팽창할 때의 압력으로 피스톤을 밀어 운동시킨 다음, 냉각을 시켜 기체의 수축으로 압력이 감소하면 피스톤을 되돌아오게 하는 방법으로 피스톤을 운동시킨다.

다음에 실제로 스털링 엔진의 작동을 설명하겠다. 이 방법은 아주 교묘하다. 그런데도 거의 실용화되지 못하고 있다.

실린더 속에 피스톤이 두 개 들어 있다. 피스톤 A는 동력을 전달하는 것으로, 실린더 내에서는 기밀이 유지된다. 다른 한쪽의 피스톤은 실린더와의 사이에 간극이 있어서 이 피스톤의 운동에 의해 실린더 내의 기체를 가열 부분과 냉각 부분으로 이동시키는 역할을 하고 있다.

① 실린더 내의 냉각부에 들어간 기체는 냉각되어 압력이 낮아지므로, 피스톤 A는 실린더 속으로 끌려 들어간다.

② 피스톤 A가 가열부에 접근하면,

③ 피스톤 B가 움직여 냉각된 기체를 가열부로 이동시킨다.

④ 가열부에 들어간 기체는 팽창해서 압력이 높아지고, 피스톤 B의 주위를 통과해서 피스톤 A를 밖으로 밀어낸다.

⑤ 피스톤 B는 실린더의 끝까지 움직이고, 피스톤 A와 피스톤 B에 끼어 있는 기체는 냉각되어 수축한다.

이렇게 해서 피스톤 A는 왕복운동을 하며 동력을 전달하는 일을 한다. 피스톤 B는 피스톤 A의 운동으로 얻은 회전체에

〈그림 12-6〉 스털링 엔진의 모형

부착한 엑센트릭(Eccentric)으로 움직이게 되어 있다.

또 이 엔진은 한 실린더 속에 두 개의 피스톤이 들어 있는 것과 실린더가 분리되어 있는 것 등으로 형식이 다양하다.

배기가스의 문제뿐만 아니라, 석유자원 문제도 포함해서 이 스털링 엔진은 장래의 엔진으로서 중요한 것 중 하나라고 하겠다. 이미 태양열에 의해서 이 엔진이 움직여 발전기를 돌려 전기를 일으키는 시도가 시작되고 있다.

스털링 엔진은 스코틀랜드의 로버트 스털링이라는 사람이 1816년에 발명했다. 현재 널리 쓰이고 있는 내연기관은 1870년 이후의 발명되었으므로 스털링 엔진은 그것보다도 훨씬 오래전에 발명된 것이다. 한때는 스털링 엔진도 펌프 구동용으로나 그 밖에 다른 데도 쓰였지만, 1920년 이후 그 모습을 감춰버렸다. 그것은 모터의 보급과 소형, 경량의 내연기관에 압도당했기 때문이다.

앞의 사진은 미국제 스털링 엔진의 모형이다. 가열부를 알코

올램프로 가열하게 되어 있다. 램프에 불을 붙여 1~2분 후에 피스톤을 손으로 움직여 주면, 왕복운동을 시작해 크랭크로 회전운동으로 바뀌어, 바퀴가 회전하기 시작한다.

그것은 1분간 1,000회 정도의 속도로 움직인다. 이 실린더 속의 기체는 공기이다. 그리고 가열부와 냉각부는 이웃해 있으므로 시간이 경과함에 따라, 냉각부도 손을 댈 수 없을 만큼 가열되지만, 회전은 여전히 계속된다. 공기의 팽창, 수축이 이처럼 빨리 되는 것이 이상하게 생각될 정도의 회전이 이뤄진다.

로터리엔진

로터리엔진(Rotary Engine)이라고 하면, 자동차엔진에 쓰이고 있는 것을 말한다. 그러나 현재 자동차용으로 만들어진 것은 진짜 로터리엔진이 아니다.

로터리란 '회전한다'는 뜻이다. 그러므로 피스톤이 왕복운동이 아닌 회전운동을 하는 것을 로터리엔진이라 하면 될지 모른다. 그러나 회전한다는 것은 한 점을 중심으로 회전한다는 뜻으로 엄밀하게 말하자면, 지금 말하고 있는 로터리엔진은 완전한 로터리가 아니다.

왜냐하면 피스톤은 한 점을 중심으로 해서 회전하고 있는 것이 아니라, 피스톤의 중심과 회전의 중심과는 다소 벗어나 있다. 즉 편심(Eccentric)되어 있는 것이다. 따라서 회전운동과 왕복운동이 어울려 있다.

이런 형의 엔진은 1959년, 독일의 번켈이 고안한 것으로 '번켈 엔진'이라고 불리고 있다. 이것을 실용화해서 자동차용 엔진으로서 실제로 널리 사용하게 한 것은 일본의 자동차 메

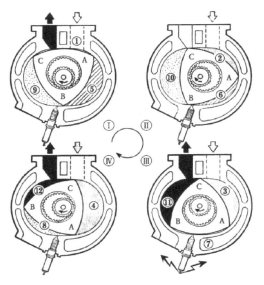

①②③④ → ⑤⑥⑦ → ⑧⑨⑩ → ⑪⑫

흡입 압축 폭발 배기

〈그림 12-7〉 번켈 엔진의 작동원리

이커였다.

실제로 한 점을 중심으로 해서 회전하는 로터리엔진이 있지만, 20세기 초부터 로터리엔진에 관한 고안이 여러 가지 더 있었다. 19세기 말에 독일의 오토(Otto)나 다임러(Daimler)에 의해 만들어진 왕복형 내연기관은 그 후 개량을 거듭해서 차츰 성능이 좋은 기관이 되었다. 그러나 피스톤이 왕복운동을 하면 정지에서 운동이 시작되어 차츰 빨리 움직여, 속도의 정점에 이르면 이번에는 감속되어 정지한다. 다음에는 지금과는 반대 방향으로 다시 움직이기 시작하고, 빨라졌다가 감속되어 정지하는 식으로 반복하는 것이다. 멈췄다 움직였다 하는 것을 반

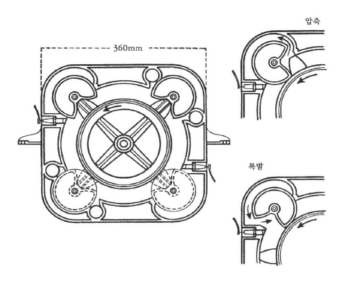

〈그림 12-8〉 엣셀베의 로터리엔진

복하는 것은 운동이라는 관점에서 본다면 낭비인 것처럼 생각
된다.

　왕복형 퍼올림 펌프가 회전형의 워터 터빈(Water Turbine)으
로 바뀌었듯이, 내연기관도 회전형으로 만들자는 생각은 당연
히 일어났다. 피스톤을 왕복운동을 시키는 것이 아니라, 어느
축의 둘레에다 회전운동을 시키자는 생각이다.

　그러자면 실린더를 도넛형으로 해서, 그 속에서 피스톤을 움
직이게 하면 된다. 1910년대에 프랑스의 드방드레나 독일의
베크에 의해 도넛형 실린더 속을, 몇 개의 피스톤이 왕복운동
을 하는 것이 먼저 나타났다.

　피스톤은 축을 중심으로 해서 회전은 하지만, 도넛형 실린더
내를 왕복하므로, 이것은 진짜 로터리엔진이 아니었고, 또 이런

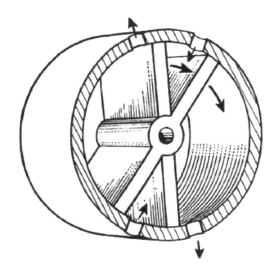

〈그림 12-9〉 무라카미식 로터리엔진의 원리

형의 엔진이 실제로 움직였다는 기록도 없다.

1920년에 프랑스의 '엣셀베'는 정말로 로터리엔진이라고 부를 만한 것을 발명했다. 이것은 타이어형의 실린더 속을 피스톤이 회전하는 것이었다. 피스톤은 네 개가 있고, 실린더 주위에 네 개의 로터리 밸브를 배치한 지극히 교묘한 발상이었다. 그러나 이러한 엔진도 구상에 그쳤을 뿐, 실제로는 만들어지지 않았다.

일본에서도 로터리엔진의 발명이 여러 가지 있지만, 그중의 하나가 무라카미가 발명한 로터리엔진이다.

그 구조는 아주 교묘하게 되어 있어서, 세계에서도 유례가 없는 것이라고 말한다. 그것은 원통형 실린더 속을 그 중심축의 둘레를 회전하는 한 쌍의 회전판으로써 이루어진 간단한 구조이다.

　이 두 회전판은 외부에 장치된 타원형의 치차에 의해서 연속적으로 회전속도를 변화시키면서, 동일 방향으로 회전하게 되어 있다. 두 장의 회전판의 속도는 연속적으로 변화하면서 회전하기 때문에, 한 쌍의 회전판은 상대적으로 접근하거나 멀어지거나 하면서 원통형 밀폐 용기 속을 동일 방향으로 회전하게 되어 있다.

　이 두 장의 판이 피스톤에 해당하며, 원통형 용기는 실린더에 해당한다. 두 장의 판 사이에 끼어 있는 공간이 넓어졌다 좁아졌다 하며 흡입, 압축, 팽창을 반복하는 것이다. 이 엔진은 실제로 제작되어 시운전까지 했었다. 그러나 시운전의 결과 안전성, 축력 그 밖에 많은 문제가 발견되어 1937년에 이 엔진의 개발을 포기한 채 오늘에 이르고 있다.

　이런 까닭으로 로터리엔진의 발명, 고안은 많지만 현재까지 실제로 이용되고 있는 것은 하나도 없다.

사이펀의 원리와 응용

　목욕통에 물을 넘치게 가득 받았을 때, 이 물을 적당히 흘려보내는 방법 중 하나로 사이펀(Siphone)을 이용하는 것이 있다.

　통의 물속에 호스를 넣고, 호스 속에 물이 들어갔을 때쯤을 맞추어서 재빨리 호스의 한쪽 끝을 통 밖으로 꺼내, 그 끝을 통 속에 잠긴 호스의 끝보다 낮은 위치로 가져가면, 통 속의 물은 밖으로 흘러나온다. 통 속에 잠긴 호스의 끝까지 수위가 내려갔을 때, 물의 유출이 멎는다. 이것이 '사이펀'으로 잘 알려진 현상이다.

204

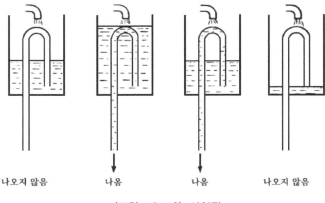

나오지 않음   나옴   나옴   나오지 않음

〈그림 12-10〉 사이펀

사이펀을 고안한 것은 기원전 1세기의 그리스의 '헤론'이었
다. 헤론은 공기, 물, 증기를 이용한 기계장치를 연구한 사람으
로 유명하다. 용기 속에 역U자형의 관을 넣고, 그 한쪽 끝을
용기 밑바닥을 통해서 아래로 내놓는다(그림 12-10).

용기 속에 물을 부으면 수위가 올라간다. 관의 벌어진 주둥
이에서 물이 관 속으로 들어간다. 이윽고 수위가 관 상부까지
차면, 물은 관 속을 통해서 밖으로 흘러나가 용기 속의 관 주
둥이에 수위가 내려갈 때까지 물이 계속 흐르게 된다. 여기서
물의 유출이 멈추고, 용기 속에 다시 물이 차기 시작한다. 따라
서 이 용기에 물을 일정한 속도로 흘려보내면, 일정 시간 간격
으로 관에서 물이 흘러나왔다 멎었다 한다. 현재 변기(Toilet)의
물을 흘려보내는 장치로 널리 이용되고 있다.

〈그림 12-11〉은 일반적으로 쓰이고 있는 변기이다. 변기를
사용한 후, 물을 흐르게 하면 바닥에 고인 물은 그 양이 불어
나고, 아래로 흐르는 통로까지 물이 차면, 사이펀의 작용으로

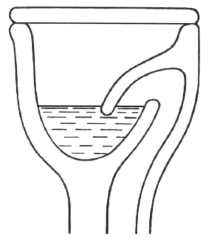

〈그림 12-11〉 토일렛 사이펀

내부에 고인 물은 오물과 함께 세차게 아래로 흘러나간다. 다 흘러나간 다음, 위에서 흐르는 물이 멈추고, 바닥에 약간의 물이 고이는 상태에서 끝난다. 바닥에 물이 고이는 이유는 밑에서 올라오는 악취가 이 물로 차단되어 밖으로 새어 나가지 않게 하기 위해서다.

그러면 통 속의 물을 유출시키는 방법을 좀 더 자세히 생각해 보기로 하자. 호스 끝을 수면보다 약간 위로 하고, 그곳을 꽉 쥐고 재빨리 물속에 넣으면, 호스의 다른 한쪽 끝에서 물이 흘러나온다.

호스를 물속에 갑자기 넣으면 물이 호스 속을 세차게 흐르고, 그 운동의 관성에 의해서 호스의 높은 부분을 넘어서 흐르므로 사이펀 작용이 시작되는 것이다.

206

수세식 변기를 생각해 보자

수세식 변기의 보급은 놀랍다. 현재 도시에는 거의 다 수세식으로 되어 있다. 빌딩이니 학교에 있는 수세식 변기는 사용 후 일정한 물이 흘러 깨끗이 되면 물이 저절로 멎는다. 여기에도 기계의 원리가 이용되고 있다.

수조에 일정량의 물이 고인 상태에서 버튼을 누르면, 링크장치가 움직여 밸브가 위로 끌어 올려진다. 수조의 물은 사이펀의 작용으로 파이프를 통과해서 아래쪽으로 흘러내려 변기를 씻어낸다. 수조의 물이 모두 흘러 나가버리면 부낭(浮囊)이 붙어 있는 링크의 다른 끝이 수도관 주둥이에 붙어 있는 볼밸브를 열어서, 물을 수조 안으로 보낸다. 수조 내의 수면은 차츰차츰 상승하고, 그것에 따라 부낭도 상승한다. 수조 내의 물이 어느 일정량에 다다르면 부낭에 달려 있는 링크의 작용으로 볼밸브도 수도관의 출구를 닫아버려, 물은 그 이상 나오지 않게 되는 구조다.

18세기 말에 수세식 변기가 발명되기 전에는 큰 저택의 침실이나 식당 한구석에 휴대용 변기가 놓여 있었다.

일을 마친 후 하인들이 이것을 옥외에 내놓으면, 변소를 치우는 사람이 거두어 가서 오물장에 버렸다. 일반 사람들은 옥외의 변소에서 용변을 보았다고 한다.

엘리자베스 여왕 시대에 존 허린톤 경이 1597년에 쓴 작은 책자 속에 이탈리아 사람으로부터 입수한 수세식 변기의 그림이 실려 있었다. 그래서 엘리자베스 여왕은 곧 그것을 가져오게 해서 궁전에서 사용했다.

1778년이 되어, 영국의 자물쇠공 요셉 브라머는 그럭저럭

〈그림 12-12〉 브라머의 수세식 변기(18세기)

쓸 만한 수세식 변기를 고안했다. 그러나 수세식 변기의 사용에는 옥 내외의 하수도가 완비되지 않으면 기능을 발휘하지 못하는데, 런던에서 하수도 공사가 이루어진 것은 겨우 1860년대가 되어서였다.

이윽고 옥 내외의 하수관 공사, 집 밖의 공중화장실의 설비가 진행되어 그 덕에 사람들은 청결하고 기분이 좋은 곳에서 프라이버시를 유지하면서 일을 보게 되었다. 그러나 이와 같은 환경의 정비, 향상에 따라서 전 세기에는 거의 의식하지 않았던 방뇨, 배변 때의 수치심과 침묵이, 많은 사람에게 있어서 지극히 당연한 일인 것처럼 되었다고 한다.

다시 본제로 돌아가자. 수세식 변기를 사용한 뒤, 수로 내의 물이 전부 흘러나가 버리면 수도꼭지에서 물이 나와 다시 수로에 물이 고이고, 가득히 차면 수도꼭지에서 나오는 물을 정지시켜야 한다. 수로 내에는 부낭이 들어 있어, 수면이 상승함에

208

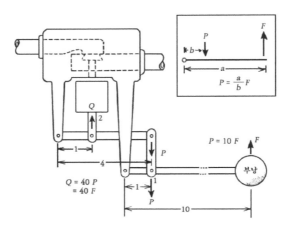

〈그림 12-13〉 부낭에 걸리는 힘 F를 40배로 지렛대로 확대한다

따라 부낭도 상승한다. 이 부낭의 운동을 이용해서 수도꼭지를 닫아 물을 멈추게 하고 있다. 여기에 쓰이고 있는 것이 지렛대이다.

물에 떠 있는 부낭은 수면이 올라가는 데 따라 상승하고, 가득 찼을 때는 수도꼭지 앞에 있는 밸브로 수로를 닫는데, 기구에 들어오는 물의 압력은 보통 1~3㎏ 정도이다. 이 수압을 극복하고 밸브를 닫으려면 너무 작은 힘으로는 안 된다. 부낭을 위로 밀어 올리는 힘은 부력인데, 이것은 아르키메데스의 원리라고 불리고 있듯이, 부낭이 배제하고 있는 물의 양-즉 그 물의 무게이다. 이 물의 양은 지극히 적은 것이므로 이 힘으로 밸브를 움직이게 하는 데는 그 힘을 확대하지 않으면 안 된다. 거기에는 지렛대를 이용하면 된다.

한 막대의 선단에 F라는 힘을 가하고, 다른 끝을 떠받쳤을 때, 이 막대의 중간에서는 어느 정도의 힘을 낼 수 있느냐는

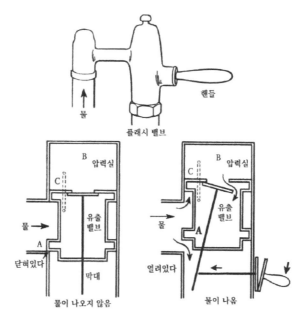

〈그림 12-14〉 플래시 밸브의 작동원리

간단한 계산으로 곧 알 수 있다. 지지점에서 힘점까지의 거리
를 a, 작용점 P까지의 거리를 b로 하면, aF=bP이므로
$P = \frac{a}{b}F$이다. 따라서 a를 b의 10배로 하면, 힘점의 힘 F는 작
용점에서는 10배의 힘이 된다.

　이 지렛대 두 대를 조합해서 〈그림 12-13〉처럼 하면, 제2의
지렛대의 힘점에 가해지는 10배의 힘은 다시 4배가 되어 작용
점 2에 가해지므로, 부낭의 힘은 40배가 되어 밸브에 가해진
다. 따라서 부낭의 부력은 작더라도 40배가 되어 밸브에 가해
지므로 수로를 닫을 수 있다는 것이다.

　지렛대를 두 개 사용한 것은 수로 안이 좁아서 지렛대 하나로는 힘의 확대가 불충분하므로 이같이 생각해 낸 것이다.

　큰 건물에 있는 수세식 변기는 플래시 밸브에 의해서 물을 내보내고 있다. 여기에는 물을 저장하는 탱크가 없다. 핸들을 손으로 움직이면 물이 세차게 잘 나온다. 핸들을 놓으면 잠시 후에 물이 멈춘다. 저절로 물이 멎는 것은 다음과 같은 구조에 의한다.

　〈그림 12-14〉에서 본 것처럼 이 장치는 피스톤 밸브 A와 압력실 B로 되어 있다. 피스톤 밸브와 압력실 사이에 가느다란 관 C가 있어서, 수압으로 물은 C를 통과해서 압력실 B에 들어가 있다. 이 상태에서는 피스톤 밸브가 아래쪽의 수로를 닫고 있어 물이 흐르지 않는다. 핸들을 움직이면 유출 밸브의 막대가 눌리고, B 안의 압력이 내려간다. 그러면 왼쪽으로부터의 수압으로 피스톤 밸브가 위로 밀어 올려져 A가 열리고 아래쪽 수로로 수도관에서 물이 방출된다. 핸들을 원위치로 하면 유출 밸브가 닫힌다. 가느다란 관 C를 통해서 물이 B로 들어가, B의 압력이 차츰 상승하기 시작해서 피스톤 밸브를 아래로 밀어내린다. 그리고 아래쪽으로의 수로 A가 닫혀 물의 방출이 멎게 되는 것이다.

자동 분수기

　얼핏 보기에 불가사의하게 보이는 흥미로운 장치의 연구는 동서(東西)를 막론하고 많이 시도되고 있다. 알렉산드리아의 '헤론'이 고안했다는 자동 분수기도 그중 하나이다.

　이것은 도자기로 만든 아름다운 용기인데, 위에서 물을 채우

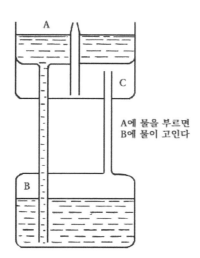
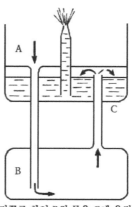

A에 물을 부르면
B에 물이 고인다

거꾸로 하여 B의 물을 C에 옮김.
A에서 물을 부으면 B의 공기가
C의 물을 밀어 분출한다

〈그림 12-15〉 자동 분수기의 원리

면, 그 한가운데에서 물이 세차게 뿜어져 올라오는 것이다.

이 용기는 A, B, C의 세 부분으로 이루어져 있고, A와 B, B와 C를 각각 관으로 연결하고 있다.

우선 A에 물을 부으면 관을 통해서 아래의 B에 물이 찬다. 거기서 이 장치 전체를 거꾸로 하면, B 속의 물은 관을 통해 C로 옮겨간다. 여기까지가 준비 단계이고, 이렇게 해놓은 이 그릇을 들어내어 A에 물을 부으면, A 속의 물은 관을 통해서 B의 부분에 들어간다. B 속에는 공기가 차 있으므로 이 공기가 물에 의해 밀려, 관을 통해서 C의 상부로 들어간다. 그리고 C 속의 물을 밀어 올리게 된다. 그렇게 하면 C 속의 물은 중앙에 있는 가느다란 관을 통해서 위로 분출되는 것이다.

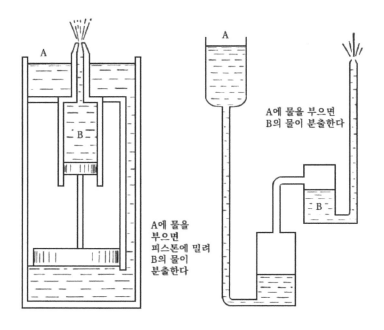

<그림 12-16> 자동 분수장치

이 장치는 영구기관은 아니다. C 속의 물이 없어지면 분수도
멈춘다. 그러나 수면보다 위로 물이 분출되는, 이 장치를 고안
한 사람은 대단한 재주꾼이었다. 내부장치를 알고 나면, 지극히
당연한 일이라는 것을 알지만, 아무에게나 쉽게 생각이 떠오르
는 것은 아니다.

위에서 물을 떨어뜨려, 아래에 있는 용기 속의 공기를 압축
하고, 그 압축 공기로써 물을 위로 밀어 올리는 장치는 이 밖
에도 여러 가지를 생각할 수 있다.

역자 후기

모든 분야가 다 그렇지만, 특히 과학기술 분야에서 선진국 대열에 서려는 우리의 노력은 오늘날 눈부신 바 있다.

날로 발전, 변모해 가는 산업사회의 구조에 따라 한층 과학화되고 기술화되고 있는 요즘, 과학의 대중화, 과학의 생활화는 우리 생활 주변에서도 흔히 볼 수 있게 되었다. 또한 모름지기 현대 생활인으로서는 과학적 예지와 적응력이 절실히 필요하기도 하다.

이번에 역자는 전파과학사와 인연이 되어 『기계의 재발견』을 번역하게 되었다.

이 책은 기계공학의 가장 기초적인 기구학으로서, 어떠한 기계요소가 결합되어 어떠한 상태로 운동을 함으로써 인간에게 어떠한 일을 유효하게 대신해 주고 있는가를 알기 쉽게 설명하고 있다.

그러므로 기계에 대한 전문지식이 없더라도 누구나 쉽게 이 책과 친숙해질 수 있으며, 독자들이 기계의 요소를 새로이 발견함으로써 흥미는 물론, 이윽고 과학의 생활화에의 길이 훤히 트일 것으로 믿는다.

다만 첫 장부터 마지막 장에 이르기까지 원문에 충실하려고 온갖 애를 썼으나 역자의 역부족으로 미흡한 감이 없지 않으므로 독자 여러분의 양해를 구한다.

끝으로 이 책이 번역되어 나오기까지 여러 면으로 격려해 주신 전파과학사 손영수 사장님과 여러 직원들에게 뜨거운 감사를 드린다.

역자

기계의 재발견

볼펜에서부터 영구기관까지

초판 1쇄 1981년 01월 30일
개정 1쇄 2021년 04월 27일

지은이 나카야마 히데타로
옮긴이 김영동
펴낸이 손영일
펴낸곳 전파과학사
주소 서울시 서대문구 증가로 18, 204호
등록 1956. 7. 23. 등록 제10-89호
전화 (02) 333-8877(8855)
FAX (02) 334-8092
홈페이지 www.s-wave.co.kr
E-mail chonpa2@hanmail.net
공식블로그 http://blog.naver.com/siencia

ISBN 978-89-7044-962-3 (03550)
파본은 구입처에서 교환해 드립니다.
정가는 커버에 표시되어 있습니다.

도서목록
현대과학신서

도서목록
BLUE BACKS